◆はじめに◆

「4年生の理科の教科書を見たら、春も夏もツバメとかサクラの観察をするみたい」
「サクラは校庭にあるけど、ツバメなんかいないよ。どうしよう・・・」
「それに、電気の勉強があったり、火を使う実験もあるし、なんか難しそう」

　ちょっぴり不安な4年の理科。でも、ポイントをおさえて授業をすれば、子どもたちは理科が大好きになります。ツバメがいなくたって、季節の変化によって身の回りの動植物の様子が変わることがわかればいいんです。子どもたちがどんなことを獲得できればよいかをはっきりさせて、それにあった教材・教具を使って学習することが大事なのです。電気のはたらきの、直列つなぎや並列つなぎも基本さえわかれば難しくありません。火を使う実験も基本をつかんで行なえば危険なことはありません。

　つまり、授業の原点に立ち返って、単元のねらいは何かをはっきりさせ、そのねらいにあった授業をすること、実験もポイントと注意点をおさえて行なうことが大事なのです。

　本書には、4年で学習する全単元のねらい、指導計画をはじめ、1時間1時間のねらいと学習課題が書かれています。そして、ある1時間の授業を具体的に紹介しています。そこでは、課題提示の仕方や話し合いを進めるときの教師の役割、実験の留意点、ノート指導など、それぞれの執筆者が豊かな経験の中で培ってきた授業運営のノウハウが書かれています。

　参考になりそうな部分があったら、ぜひ参考にして工夫してください。まねできることはおおいにまねてみて下さい。そうすることが、子どもたちが理科の学力を身につけることにつながると思います。

高橋　洋

目　次

編集担当：高橋 洋

はじめに

1．四季を感じる生物観察をしよう　　　　　　大関 東幸…01

2．1日の気温の変化と天気〜地面があたたまって、空気があたたまる〜　野末 淳…09

3．電気のはたらき　　　　　　　　　　　　生田 国一…13

4．動物の体の動きとはたらき　　　　　　　望月 理都子…21

5．月と星　　　　　　　　　　　　　　　丸山 哲也…27

6．物の体積と空気　　　　　　　　　　　小幡 勝…33

7．もののあたたまり方　　　　　　　　　渡辺 真衣…41

　　※コラム　熱伝導、対流、輻射、物の温度　　　高橋 洋…48

8．物の温度と体積　　　　　　　　　　　児玉 久美子…49

9．物の温度と三態変化　　　　　　　　　佐々木 仁…57

10．水のゆくえ　　　　　　　　　　　　八田 敦史…65

おわりに

四季を感じる生物観察をしよう

栃木・しもつけ理科サークル
大関 東幸

◎ はじめに

「校庭のサクラの木がピンク色になってきたね。もうすぐ咲きそうだよ。」

3月になるとそんな会話が職場で聞かれます。そのことをクラスの子どもに伝えると、

「花も咲いていない木がピンク色なんておかしい。茶色じゃない？」

と答えが返ってくる。う〜ん…。

咲き始めた校庭のサクラ

この会話から分かることは、日頃何気なく見ている身近な自然環境を児童は思い込みでとらえていることが多い。写生に行っても、樹木の幹や枝は茶色、太陽は赤色で塗るなどの絵を見かけることがよくある。そうとらえていたとしても、生活上不都合や大変なことにはならないのだが…。

話を戻すが、本当にサクラの木は開花間近になると、木全体がうっすらとピンク色にみえるのである。子どもの言うようにソメイヨシノの花を実際に見てみると、ピンクとは言えないし、木（幹や枝）も茶色ではない。生活の中で思い込まされている色（サクラの花＝ピンク色、木＝茶色等）をそのまま観察に持ち込んで記録としていることも多々見られる。そんな固定観念にとらわれず、見たままを受け止められる絶好の機会が理科の観察である。

私自身は学校内を毎年観察しているが、飽きることはない。「名前も知らない植物がこんな所に生えている！」と新しい発見に驚いたり、「今年も花がさいた！」と変わりないことにほっとしたりと観察を楽しんでいる。記録はデジカメで撮影して残したり、可能なら対象物を採取して保存したりしている。

観察は、理科の学習においてとても大切である。動植物の観察に止まらず、化学変化の観察や物体の動きの観察等も含まれる。子どもには、今の状態や変化をありのままにとらえて自然の真実に向き合い、記録できるようになってほしいと思う。系統的な植物観察ができるよう、過去にどのように観察し、それを4年生の理科で生かす、また今後の学習に生かせるようにつなげる学習にしていきたい。

0　単元学習のための下準備

・単元学習の位置づけ

小学1・2年の生活科には、自然に関わる学習内容がある。育てている植物のスケッチ（記録？）をすることも多いようだ。また、2年生の生活科の中には、小学1年生や近隣の保育園・幼稚園の園児を招待してお祭りを開くようなことも行っている。招待した人に楽しんでもらえるよう風やゴムを動力にしたおもちゃ作りなどで科学的な見方・考え方の基礎を養うこともできるようになっていて、自然科学の学習にも入ることができる。

しかし、全てがそのようにできるわけではなく、学校によって差があるため、低学年のうちから理科に興味をもっている子どもたちでも、3年生まで本格的に自然科学の学習に入ることができない場合もある。

小学3年生では、身近な自然の観察や種子からの栽培をしながら、観察して成長を記録したり、生物のからだのつくりを学習したりしている。

チョウを育てたキャベツから、キャベツは根・茎・葉のどの部分を食べているのか？キャベツに根はあるのか？と確かめている。　　　（小学3年理科 発展）

小学4年生では、1年間季節ごとに自然観察を行い、動植物の観察を記録するとともに、気候等と関連づけて生物同士のつながりや季節ごとの様子を知る学習がある。また、ヘチマやヒョウタン、ツルレイシ等を栽培し、季節による成長の違いも学習する。ヘチマやヒョウタン等は雌雄異花である。植物の花・実のできる仕組みの学習が小学5年だが、観察が上手な子は花のつくりの違いに気づくかもしれない。

ツルレイシの雄花（上）
と雌花（右）

さらに、葉が青く生い茂る季節があり、葉が生い茂ることにどのような意味があるのかを考えて、小学6年の光合成の学習につながるようにすることもできる。

葉が生い茂るツルレイシのグリーンカーテン

・観察フィールドは大丈夫ですか？

　植物観察では、教える側が意図した植物（観察しやすい、よくみられる、教科書で扱われている等）に気付かせるようにすることが大切である。そのためには事前に校庭を回り、どこにどんな植物があるかを大体知っておく必要がある。そのためにも、パソコンで校庭の自然観察マップ作成をお薦めしたい。（次ページ参照）一度ベースになるマップを作っておくと、それを修正していけば全面的に作り替えなくてもよいので、教職員異動で理科が詳しい人がいなくても引き継ぐことができる。全学年の教材園や、農園をお持ちの学校なら、それらの場所も観察フィールドの一つに加えるようにしたい。

　また、郊外に観察に行けるようだったら、移動ルートや公園等の観察環境を下見しておかなくてはならない。しかし、安全面や学習時数を考えると、できるだけ校庭で行いたいものである。

プールわきの草花

・観察の時季は適していますか？

　環境は整っていても観察させたい植物の様子については、気候の違いがあるため地域による季節のズレがある。日本列島は南北に長く、高低差もあるため、4月に計画しているような観

☆ 宇都宮市立〇〇小学校　教材植物植生図　平成××年度

校庭の植生図（大関作成）

察活動がスタートできない場合もある。

　以前、日光市のへき地に赴任した時は、４月ではまだまだ雪が残っていて、ようやくゴールデンウィーク明け頃に草木が芽吹くので、新学年が始まって一か月くらいは春の様子は見られないことがあった。

　教科書はほぼ東京を基準に季節を扱っているので、地域差を考慮して別単元を先に進める等、観察の時期を考慮する必要がある。また、その年の天候によって植物の生育状況も違っているので、観察場所をよく見たり選んだりすることが大切である。

日かげに４月でも雪が残っている地域もある

四季を感じる生物観察をしよう　03

・児童の学習準備は大丈夫ですか？

　4年の学習としての観察をする時に教える側が押さえておきたいのは、3年までの児童の観察の様子と既習の関連用語（日光、日なた、日かげ、気温、こん虫、たまご、よう虫、さなぎ、せい虫、草たけ、等）の理解・習得状況などである。毎年、子どもたちの観察の様子を見ていると、はたして学年相応の学習になっているのかと考えてしまう活動が見られることがある。例えば、小学1年～3年で今までに行った観察を覚えていて、同じような観察記録を繰り返していたり、詳しく観察せず、記憶に残っていることや思い込みを記録したり、「根・葉」でなく「ねっこ・はっぱ」として正確な既習用語を使わないで表現したりすることでなどだ。子どもたちから今までの観察について聞いたり、レディネステストをしたりして確認しておき、既習の学習を生かしてさらに観察を深めることが大切である。

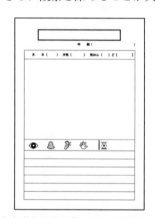

現在中学年共通で使っている観察カード

・教える側の準備は大丈夫ですか？

　観察においても、課題を明確にしたり、観察場所や観察対象を限定して対応したりすることがとても重要である。そうすることによって、なかなか観察を始められない子どもでも、比較的早く対象をはっきりさせて取り組めるようになる場合がある。

　私が記録させるのは観察カードである。カードの様式も観察の内容を左右する。日付や天気等の共通の記録とスケッチ、スケッチでは表せない様子を文章で表すことができるようにしたい。様式は観察の仕方によって、学年ごとに少しずつ変える必要がある。

　観察カードの記入の仕方は、初めの観察時、教室で指導することにしている。

　子どもによっては、スケッチが見たままでなくイラスト風であったり、太陽や雲、鳥や昆虫等を書き入れたお絵かきになってしまったりすることがある。文章も、感想だけや対象を擬人化したものの場合もあるので、そのようなときは、それは理科の学習とは違うことを指導しなければならない。「図工の絵画と理科のスケッチは違います。理科のスケッチでは、見たままの様子を誰が見ても判るように描けるのがうまいということです。葉に毛が生えていればそれも描ければいいスケッチだよ。」とアドバイスすると、観察した細かな特徴まで描くようになる。忙しいが、1か月に一度は継続的に観察していくと、植物の変化にも気づくようになる。

　外へ持ち出す物として、児童には観察カードと探検バッグ（生活科で使っていた物；ない場合は画板やバインダーといった観察カードをのせて記録できる硬い板）、筆記用具（色鉛筆を含む）、ものさし、ポケット植物図鑑を持たせる。教師は屋外持ち出し用の温度計やルーペ、デジカメ、鉛筆削り、巻尺、ビニル袋児童数分以上、コピー用紙約10枚などを用意する。袋は必要に応じて採取した植物を持ち帰るための物である。コピー用紙は採取したものの下に敷き、乗せると不要な背景が消え、細部まで見えやすくなるので、スケッチしやすくするためである。また、採取したものをくるんで袋に入れることに使ってもよい。

　温度計は、観察する場所で測るようにする。一応、ルーペを用意するが、小学4年生の植物観察では、ルーペを使わなくては見えないほどの細かい個体観察よりも、むしろ、季節ごとの生物の様子が記録できれば良いので、ルーペを使わなくてもよいと思う。使う場合は、3年生で学習した使い方や注意点を再度確認した方がよいだろう。

教材園のヘチマ

4年生では、一年間の四季の変化に沿って観察するので、季節ごとにその時々の観察の仕方や注意点を確認したい。

つる性の植物の栽培も並行して行うので、種子や土、ポット、つるをはわせる棚等の準備、植え替える教材園の整備も学年で協力して行うようにする。

1　春の観察（4・5月）　8時間

春は多くの植物が芽吹き、そして花が咲くので、特徴がはっきりする。樹木では枝振りがまだはっきりと見える。草花は野草も含めいろいろな種類が競うように育ってくる。気温が上がり、外での観察もしやすく、観察記録をとりやすい時期なのだが、逆に、何を観察するのか迷ってしまう子どももいるので、実物をよく観察して描くよう促す。

私は観察カードを縦に二分割し、木と草の観察をさせ、一年間通して同じ場所で観察し、四季変化を考えられるようにしたいと考えている。観察対象は共同で進められるよう、グループで選ばせている。

1年間観察する樹木の描き方

サクラについては、最近は開花が3月中のことが多く、一番の見所を過ぎてからの観察となってしまうことがある。また、四季であまり変化しない常緑樹もあるので、樹木の生活スタイルの違いを知ることができるようにしている。

観察カードに木全体を描いていくのは児童にとってなかなか難しく、全体の輪郭だけになってしまいがちである。そのため、幹から枝へとだんだん細くなる様に描く方法を教える。児童には太い部分から描き始め、細い枝の細かな部分は枝ぶりが大体分かるようにスケッチさせる。

また、樹皮の特徴を書き込んだり、葉の色合いを観察して大まかに描いたりして、スケッチを見ただけで何の木なのかが大体分かるように描かせるようにしている。

自分たちの観察エリアを決めて

草花の観察では、花が咲いている植物に偏ってしまい、新芽や葉等に目がいかないことが多いので、4年では、もう少しステップアップさせる。1m四方くらいのエリアを観察させ、エリア内のいろいろな種類の草を描かせ、植物には共通の特徴として根、茎、葉、花があることに気づかせたり、競い合うように伸びる様子も観察させたりする。

こぼれ種で増えているサクラソウ

子どもたちは花壇の花を描きたがる。そこで、「他のグループとは違う自分たちだけの場所を観察してみよう。」と声を掛けると、教師でも気付かない植物を見つけて得意になって描く子も現れる。

動く鳥や昆虫は文章で

また、動物にも目を向けるようになる。地域によっては獣も見られるが、大体は昆虫類や鳥類、他の虫類等がほとんどである。これらを観察の時に描かせてもよいが、じっとしている時間がそれほど長くはないために、細部まで観察できずにイラスト風になったり、思い込みの記録になったりすることがある。採取できるものは採取して、飼育ケースに入れて観察してもよいだろう。私は、採取に夢中になって観察にならなくなるのを避けるために、デジカメで撮影できるものは撮影して、後でじっくり描かせた

り、見つけた動物の名前が分かる場合は、後で図鑑（写真の物）を見ながら細部まで描かせたりするようにしている。大切なのは、どんな動物がどこで見られてどんな動きをしているか（何をしているか）なので、無理にスケッチをさせなくても、文章で様子を記録することで十分である。

見つけても観察しているうちに飛んで行ってしまうことがある。

天気や気温との関係にも気付けるようになるとよい。例えば、曇っていると葉や花の開きが悪いといったことなどである。

生育場所（土、コンクリート、アスファルト、木の上、水辺等）と植物の生育状況との関係も記録しておきたい。

栽培用に植えるヘチマ、ヒョウタン、ツルレイシなどは、種子からしっかり観察しておく。ポットにタネまきをし、教室で発芽を観察できるようにする。本葉が数枚出て苗のような状態になったら、棚が準備してある所に植え替えるようにする。

2　夏の観察（6・7・8・9月）　3時間

夏は葉が生い茂り、大きく成長する時期だ。スケッチは葉が中心となり、雑になってしまうことがあるので注意が必要である。また、樹木は樹冠（葉が生い茂る周りの部分）をとらえるようにし、葉は別に大きくスケッチさせる。さらに、花が咲き終わり、実ができ始めている様子も見られたら記録させる。

うまく表せない児童にはデジカメで撮影し、スケッチする視野を限定すると余計な物を描かずにうまくスケッチできるようになる。

動物も活発に動いている。昆虫等はすぐに見つかるだろう。その中でも、チョウ類やアリ類、ハチ類は植物に集まってくるので、どこでどのような動きをしているのかを記録させる。鳥類は動きが早く、

葉が青々としたトチノキ

存在は分かりますが、じっくりと観察することは難しい。どんな鳴き声かを聞き、動きが分かれば一緒に記録しておく。そして、後で図鑑などで調べ、その特徴からどんな鳥かを特定するとよい。

校舎の壁に巣を作って子育てをしているツバメ

栽培している植物はツルを伸ばし支柱に絡みついて伸びているころで、大きく成長する時期である。定期的に観察し、どのくらい成長したかを記録する。また、葉を大きく広げ、日かげを作ることから、グリーンカーテンとして栽培していることも併せて知らせておきたい。花や実も見られるようになるので、成長の変化をよく見ておくようにする。

夏の観察での注意は、熱中症である。長時間の観察は困難で、涼しい時間を選んだり、水分補給を忘れずにしたり充分気を配るようにする。毛虫などの害虫も要注意である。

3　秋の観察（10・11月）3時間

秋は実ができ、紅葉が見られるなど観察には事欠かない。児童は決まって実や種子とり、紅葉した葉などに夢中になってしまう。それらに触れることも大切だが、採取したものがどの植物の

落葉するイチョウ

物なのかを確認して観察するように話す。すると子どもたちは、拾ってきた実や花、葉がどの植物の物かを探して特定し、その植物の観察を始める。樹木は1年間同じ物と伝えていますが、1年間観察する樹木プラス興味をもった樹木の観察になった。観察が終わると、木陰に集まり発表会をする。どこで拾った物か、名前が分からなければ知っている人はいないか、食べられるかなどと質問が始まる。誰も気付かなかった物だとみんなの興味がそこに集中し、見つけた子は誇らし気である。改めて校庭の自然環境の豊かさに気付けるとよいだろう。

草花は枯れ始まり記録できないと思ってしまうが、枯れの状態も観察対象であり、ありのままにスケッチしたり記録文を書いたりできるように指導しよう。ちょうど栽培しているヘチマやヒョウタンのツルや葉が枯れて実だけがはっきりと分かる状態を子どもたちは上手に描いていた。

校外にも目を向けてみよう。田んぼもすっかり黄金色になり、イネを収穫する。イナゴやトンボが近くにいるかもしれない。落穂を狙って鳥が飛んでくる。

秋の観察は、花粉症やスズメバチ等の害虫に注意が必要だ。また、実を素手で触ってかぶれることもある（ギンナン等）ので、直接触れるものにも注意を払わなければならない。

サザンカに作られたスズメバチの巣

4　冬の観察（12・1・2月）　3時間

タンポポのロゼット

子どもたちにとって、冬は「何も観察する物がない。」と思われがちだが、草でも枯れずに葉を広げていたり、樹木の冬芽が見られたりと寒い冬を越えて、次の春への準備をしている様子が見られる。野鳥が飛び回り、あちこちで餌になる物を探している様子も見られる。特に観察させたいのは、タンポポの葉のようなロゼットだ。地面にぴったりつくように葉を広げている。寒い冬になるとほとんどの草花が枯れてしまうのにどうして残っているのだろう…そんな話をすると、子どもたちは興味をもって他にはないかと観察するようになる。日当たりが良い場所であれば、タンポポやオオイヌノフグリ等の花が咲いていることがある。

ツバキやサザンカは冬でも花が咲く

樹木の冬芽は枝を落として室内で観察した。木全体と冬芽のクローズアップをスケッツチして記録にする。樹木によって特徴が表れていて、子どもたちはいろいろな冬芽に触れていた。当然のことだが、冬の観察では、外の寒さに対する注意が必要である。

栽培植物は秋には枯れてしまったので、ヘチマやヒョウタン等の実は乾燥させて種子を採取

して来年度へ引き継ぐとよい。また、棚周辺の後片付けもこの時期にやっておきたい。

5 一年間をまとめて（3月） 2時間

3月になったら、今まで記録した観察カードを1冊の本にする。子どもたち同士記録を見合う活動を行い、季節ごとの特徴をまとめさせる。観察した植物個体についての季節変化ではなく、「春は気温が上がり、芽が出てくる。…」というように、それを含めた植物全般の季節変化であることに注意させたい。

常緑樹を観察した子どもは、「どの季節も植物の様子は変わらない。」とまとめがちだが、葉の色だけでなく植物体全体を見て成長の様子をまとめさせるようにする。

表紙を作って1冊に綴じて完成。個人の観察記録のまとめだが、掲示して閲覧できるようにすると、他学年の子どもたちが校庭の自然環境に関心を示したり、担任以外の先生からも称賛してもらえたりして、次の学習意欲につながる。

アジサイ

さらに、旬の物や人間の営みとの関係でも自然物から季節を感じられる。春は山菜から始まり、端午の節句のショウブ、梅雨時のアジサイ・ウメの実、夏野菜、秋の実りの果物、秋の七草、冬至のカボチャ、春の七草等、旬の魚も入れれば、季節感がより深まるだろう。

◎ 最後に

1年間を通して観察してきて、個人的な準備をするには限界があり、観察をするためには全校体制の準備が必要であると感じます。小学1年〜6年の各学年で、校庭の自然環境を使って何かしらの学習や活動をしています。理科主任や環境担当、労務主事等で協力して、必要な観察植物の移植や栽培植物の準備、校庭の自然環境を整備したり、観察カードの統一や学校周辺の植物の事前調査、近隣公園の植物環境調査等をして系統的な観察学習の計画を立てたりして共有したいものです。

理科だけに止まらず、他教科でも関連している生物があれば校庭の自然環境を利用して実物を見せたいです。例えば国語に出てくる読み物教材である「モチモチの木」。「モチモチの木」は樹木のトチのことで、とちもちを作ることからきている物語中の愛称です。私の住んでいる栃木県はトチノキが県木になっており、トチノキの並木道があります。勤務校には大きなトチノキがあり、毎年たくさんのトチの実を落とします。その学習の時は、とちもちを作ることを話したり、とちもちの実物を見せたりします。また、登場人物の豆太が夜のモチモチの木を怖がることから、枝だけになった冬のトチノキを見せると豆太の気持ちをよく理解できます。

校庭に落ちたトチの実

以上のように、個々の単元学習ではなく、1年間を連続した単元として指導計画を練っておくと、学習内容の理解が深まるとともに指導がしやすいです。

1日の気温の変化と天気

地面があたたまって、空気があたたまる

埼玉県公立小学校
野末 淳

単元の目標

1日の気温の変化には、特徴がある。

① 空気には温度があり、空気の温度を気温という。

② 空気は、接触している砂の熱によって温度が上がる。

③ 晴れた日の1日の気温は、地表のあたたまった14時ごろが最高になる。

④ 曇りや雨の日には気温の変化が少ない。

⑤ 百葉箱や自記温度計の使い方を知り、1日の気温の変化をとらえる。

教科書には②の内容がない。しかし、実際に晴れた日の気温の変化を調べていくと、太陽が南中する12時から2時間近く遅れて最高気温になることがわかる。子どもは太陽が直接空気をあたためていると思っているので、なぜ南中する時刻の2時間も後に最高気温になるのか疑問に思うだろう。この疑問に答えるために、②の学習が必要である。

指導計画

1時間目

ねらい…温度計の正しい使い方を習得する。

準備；温度計（児童数分）

課題（主発問）

> 今日、○○小学校で一番気温が低い場所はどこだろうか

校舎の外で、一番気温が低いところを予想し、気温調べをさせる。活動を通して温度計の扱い方を確認する。

2時間目（授業展開案を参照）
3時間目

ねらい…晴れた日の1日の気温は、地表のあた

たまった14時ごろが最高になる。

準備；自校の地面の温度変化を調べた表、またはグラフ。NHK for schoolクリップ「一日の太陽の動きと気温の変化」

課題

> 晴れた日の一番気温が高いのは何時か

課題について話し合ったあとで準備しておいた資料を使って確認する。

4時間目

ねらい…雨や曇りの日は、地面が太陽の光であたためられないので、晴れた日のような気温の変化にならない。

準備；NHK for schoolクリップ「太陽と気温の変化」

課題

> 雨やくもりの日も、晴れの日と同じ山型の気温のグラフになるか。

課題について話し合ったあとで準備しておいた資料を使って確認する。

（日常活動）

1時間おきに天気と気温を測らせ、グラフにする。3時間目の学習「晴れた日に、気温が一番高くなるのは昼過ぎ」、4時間目の「雨や曇りの日は、地面が太陽の光であたためられないので、晴れた日のような気温の変化にならない」が本当に正しいのかデータをとっていく。

2時間目の授業

ねらい

空気は、接触している砂などにあたためられることよって温度が上がる。

事前の準備
- 水（はじめに温度を測るところを見せる）
- デジタル温度計1つ
- 実験用のペットボトル（後述）2本
- 卓上ライト1つ
- ペットボトルを地面から離して置くことができる台

実験用のペットボトルの製作
製作に使うもの
- ペットボトル（500mL）2本
- 砂（100mL程度）
- キリ（または、線香）

手順
① それぞれのペットボトルの蓋に、キリや火のついた線香で穴をあけ、デジタル温度計のセンサ部分が入れられるようにする。

＊授業では、ペットボトルに差し込んで、即座に気温がわかるデジタル温度計を使う。また、棒温度計を差し込んでライトに当てると、棒温度計自体があたたまり、空気の温度を測ったことにならないので棒温度計は使えない。

② 片方のペットボトルに砂を入れれば完成。

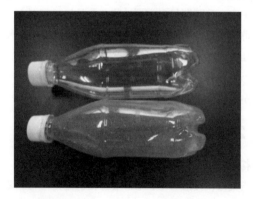

③ 授業では穴に、デジタル温度計のセンサ部分を入れて使う。

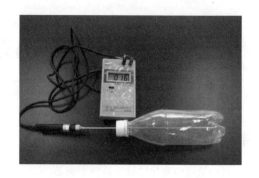

学習の流れ
1　まずはデジタル温度計の使い方
①デジタル温度計はデジタル表示で温度を表示していることを確認する。

デジタル温度計のセンサ部分を水に入れ、表示された15℃という温度が水の温度であることを全員で確認する。

②デジタル温度計は、センサ部分の周りの物の温度を測れることを確認する。

教師がセンサ部分を手で握り、30℃などの表示を見せながら、「何の温度か？」と問い、「手の温度です」と答えさせる。

③空気の温度を測る。

センサ部分をどこにも触れさせずに15℃などと表示させ、「何の温度が15℃かな？」と質問する。すると勘のいい子が「空気の温度です」と答えてくれるので、センサ部分が触れている空気の温度を測っていることを確認し、空気の温度を気温といったことを確認する。

2　いざ、課題の提示
実験用の2本のペットボトルを見せ、片方には空気だけが、もう片方には空気と砂が入っていることを確認する。

次に、それぞれのペットボトルの空気の温度を測り、どちらも同じ温度であることを確認して課題を出す。

「これから気温について勉強していきます。部屋の空気の温度も気温、この2つのペットボトルの中にある空気の温度も気温です。片方には空気だけ、もう片方には空気と砂が入っています。今はどちらも○○℃です。この2つのペッ

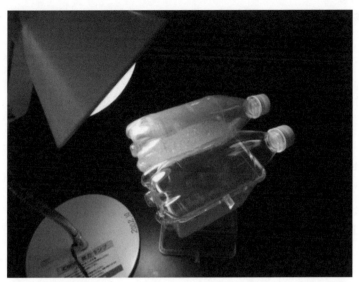
台からの熱の影響を受けないように、台から離して設置する。写真の場合はタッパーを使った。

トボトルに光をあてると、どちらの気温が高くなるだろう？」

　数人の子どもの手にライトの光をかざし、光が当たると暖かく感じることを言わせる。そして、それぞれのペットボトルを同じように置き、ライトの光を当てる。

> 【課題】空気と砂の入っているペットボトルと、空気だけのペットボトルそれぞれにライトの光を当てたとき、気温が上がるのはどちらか。

3　自分の考えを書かせる

　課題を出したら、「課題に対して質問はありますか？」とたずねる。私の授業では、「どちらも同じという意見はいいですか？」という質問が出た。「そういう考えもいいね」と伝え、教師から考えの選択肢を与えた。

> ・空気だけのペットボトルの方が温度が上がる
> ・空気と砂のペットボトルの方が温度が上がる
> ・どちらも同じ
> ・まよっている

　子どもには、まずは自分がどの意見かを書かせ、どうしてそう考えるかを書かせる。選択肢が選べれば、その理由が書けるからである。「なんとなく」という意見も認める。

　時間は6分程度は必要だろう。もし、早く書き終わった子がいれば「心の声で読み返して、発言できるように準備しておきましょう」と声を掛けるとよい。

　教師は、この時間に子どもたちの間を歩き、ノートを読んで、子どもの考えの把握に努める。

4　自分の考えを発表させる

　鉛筆を置かせ、自分の意見はどれか、挙手させて人数分布を確かめ、板書する。

> ・空気だけのペットボトルの方が温度が上がる
> 　・・・・・・・・・・・・・・・・○人
> ・空気と砂のペットボトルの方が温度が上がる
> 　・・・・・・・・・・・・・・・・◇人
> ・どちらも同じ・・・・・・・・・□人
> ・まよっている・・・・・・・・・△人

　《まよっている》の人から、どこで迷っているかを発言させる。

　「どちらも空気が入っていて、2つの中の砂が温度に関係があるのかないのかわからないからです。」など条件の違いを書いている子がいれば必ず発言させる。

　次に、少人数の意見から順に発言させる。

　《空気だけのペットボトルの方が温度が上がる》の意見では、「空気がたくさん入っている方が温度が高くなる」「空気は温度がすぐ変わるから空気だけの方が温度が上がる」などの素朴な意見は必ず取り上げたい。

　《どちらも同じ》の意見では「最初に温度を測ったら同じ温度だったから、同じライトを当てても同じ温度だと思う」という意見は取り上げたい。

　《空気と砂のペットボトルの方が温度が上が

1日の気温の変化と天気

る》の意見では「空気だけだと（透明で）熱くならないのではないか」「砂が熱くなって空気を温める」などの意見は必ず取り上げるようにする。

意見が出されたら、出た意見に対して質問や反対意見を自由に言わせる。

5　「友達の意見を聞いて」を書かせる

ここまでの意見交換で、聞いているだけの子どもたちも考えを変えたり、深めたりするので、「友達の意見を聞いて」というタイトルで、ノートに今の考えを書かせる。時間は5分ほど確保したい。

ここでは、早く書き終わった子にノートを読ませてもよい。

ある程度時間をとって書き終えたころ、再度意見分布をとり、先ほどの板書に追加する。

```
・空気のだけのペットボトルの方が温度が上がる
　・・・・・・・・・・・・・・○人→●人
・空気と砂のペットボトルの方が温度が上がる
　・・・・・・・・・・・・・・◇人→◆人
・どちらも同じ・・・・・・・・□人→■人
・迷っている・・・・・・・・・△人→▲人
```

6　いよいよ実験

実験する前に、「両方同じだったら、砂があってもなくても空気の温度の上がり方には関係ない」「砂と空気の方が温度が高かったら、空気よりも砂が光で温まりやすくて、砂が空気の温度を上げる」「空気だけの方が温度が高かったら、砂よりも空気の方が光で温まりやすい」と今まで出た意見の根拠を確認し、実験の見通しを持たせる。

課題を出したときにライトを当て始めたので、それぞれのペットボトルの気温を測る。

はじめに空気だけ入ったペットボトル、次に空気と砂の入ったペットボトルの順に温度を測るようにする。

この実験の注意点は、「空気の温度を測ること」。なので、ライトを消してから、センサ部

分が砂に接触しないように十分注意して測るようにする。

空気だけのペットボトルの温度はほとんど上がらず、逆に空気と砂の入ったペットボトルの温度計の数値はどんどん上がっていくので、子どもたちは驚くことだろう。

7　「実験の結果とたしかになったこと」を書かせる。

《実験の結果》は、見たことを日記のように順序良く書かせる。

《たしかになったこと》には、空気があたたまる要因、「光によってあたためられた砂が、空気をあたためる」が書かれるとよいだろう。そして、この《たしかになったこと》が次時以降に活きてくる。

学んだことが使える学習展開に

この学習をしておくと、次時の1日の気温の変化を、根拠を持って予想できるようになります。一日で一番気温が高い時刻が、南中する正午と、地面の温度が最も高くなる午後1時過ぎで対立するのです（3年で午後の地面の温度を学習していなければ教師が予め地温をはかっておいて、議論の際に示すようにします）。そして、気温の変化は、太陽の光で温められた地面が空気を温めることによって生じることがわかれば、その後の曇りや雨の日の気温の変化も根拠を持って考えられるようになります。

この学習によって、教科書の作業中心の展開でなく、学んだことを使って次の課題に臨んでいく学習が展開できるようになります。

第4時以降は、学習したことが本当にそうなるのか実際に調べる学習「気温調べ」も日常活動で行います。私の指導したクラスでは、毎日1時間おきに代表者1人が百葉箱に計測に行かせるようにしました。教室で待っている児童には「気温は何℃だと思う？」と声掛けをして、天気と気温の変化を関連付けて予想させるようにしました。

電気のはたらき

国分北小学校
生田 国一

単元のねらい

回路に多くの電気が流れると、豆電球が明るくなったりモーターが速く回ったりする。

具体的内容

(1) 金属は電気の良導体で金属光沢がある。回路ができると電気が流れる。
(2) 乾電池の直列つなぎで電気がたくさん流れると、豆電球が明るくなり、モーターが速く回る。
　乾電池の並列つなぎでは電気が流れる回路が複数できる。
(3) 乾電池の向きを逆にすると、電気の流れが逆になる。
(4) 光電池にモーターをつなげて回す。

授業計画（全11時間）

まず単元の全11時間分の流れを紹介します。その後に3時間分の授業の詳細について紹介します。課題と書いてあるのは子どもたちが自分の予想を理由まで書いた後、意見交換をしてから実験をするようにしています。
　　◆：準備する物　　◎；指導上の留意点

1時間目　（ねらい）金属は電気をよく通す。

◆木・プラスチック・アルミニウム・銅・真鍮のクギと各種の金属板、アラザン、簡易テスター（下の写真）

課題：アラザンは電気を通すでしょうか。
1時間目の詳細については15ページを参照。

2時間目　（ねらい）金属に塗装がされていると電気を通さない。

◆スチール缶、簡易テスター、銀紙・金紙・紙やすり、磁石

課題：スチール缶は電気を通すでしょうか。

◎簡易テスターの導線をあてる場所を缶の絵で指定する。指定しないと、考えたり確認の実験の時に混乱する。さらに、スチール缶が磁石につくこと、つまり鉄でできていることを確認する。前の時間に鉄のクギや板を見ているから、スチール缶に色が塗ってあるのは明らかである。だから色が塗ってあるが電気を通すかという問題になる。

　結果は、電気を通さないであるが、鉄だったら電気を通すはずなのになぜ通さないのかを問う。子どもたちは塗料がぬってあるからだと反応する。ではどうしたら電気を通すようになるか問うと、塗料をとったらいいとの反応がある。そこで紙やすりで塗料をはがし簡易テスターで調べる。結果は子どもたちが言った通り電気を通すようになる。

　磁石との違いに着目させる。磁石はある程度離れていても鉄を引く力が働くが電気の場合は少しでも離れていると電気は流れないことを確認させるためにも有効な実験と考える。

3時間目　（ねらい）電気の通り道が一つな

がりの輪になったときに電気は流れる。また乾電池を直列に多くつなぐと電気が多く流れ、豆電球が明るくつく。

◆乾電池ボックス、乾電池（単一）、豆電球

課題：図のようにつなぐと豆電球に明かりはつくでしょうか。

3時間目の詳細については17ページを参照。

4時間目 （ねらい）豆電球の明るさは、その豆電球を流れる電気の大きさで決まる。

◆乾電池ボックス、乾電池（単一）、豆電球4個、ソケット4個、検流計、導線

◎乾電池1個に豆電球を1個つなげて豆電球をつけ明るさを確認する。そして豆電球を1個増やし豆電球2個の直列つなぎにする。豆電球は暗くなる。さらに豆電球を1個増やして豆電球3個の直列つなぎにすると明かりがかすかに見える。さらに1個増やして豆電球4個の直列つなぎにすると明かりは見えなくなる。

課題：乾電池1個だけ使います。豆電球を4個（直列に）つなぐと明りは見えません。豆電球に電気は流れていないのでしょうか。

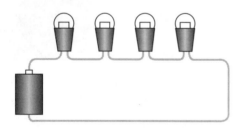

◎電気が流れているかどうか検流計を使うことを紹介する。検流計は電気が流れているかどうかはっきりしないわずかな電気でも調べることができることを話し、検流計の登場する必然性を示す。結果として電気は流れているが豆電球を光らせることはできないことを確認する。

さらに電気の流れのことを電流ということも説明する。（教科書でもおさえる）

5時間目 （ねらい）豆電球の並列つなぎではそれぞれが独立した回路になる。

◆乾電池（単一）、豆電球3個

課題：乾電池に豆電球（ソケットつき）をつなぎ明かりをつけます。さらに同じようにしてもう1個豆電球をつなぎます。（並列つなぎ）2個の豆電球は明かりがつくでしょうか。

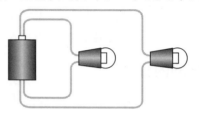

（豆電球1個の時と比べて予想させる）

◎結果確認後、3個豆電球をつなげたらどうなるか調べる。何個つなげても同じように光る。家庭で使われているのはこのような並列つなぎであることを説明する。豆電球の並列つなぎのいいところは同じように電気が流れるところである。しかしその分電気が多く流れることも話す。

並列つなぎは、回路が複数あり直列つなぎは1つしかないことを確認させる。

6時間目 （ねらい）乾電池の並列つなぎは直列つなぎと違い乾電池の数を増やしても電流の変化がない。

◆乾電池ボックス2個、スイッチ、豆電球、導線、検流計、乾電池（単一）2個

◎乾電池の並列つなぎと直列つなぎのつなぎ方の違いを説明する。回路が複数あるのが並列つなぎである。その後、実験で乾電池2個の並列つなぎをして、検流計を使い豆電球に流れている電流の大きさを調べる。当然乾電池の直列つなぎの時と並列つなぎの時の豆電球の明るさも確認させる。

検流計を回路に入れる時には直列に入れるように説明して確認する。

7時間目 （ねらい）乾電池の並列つなぎでは回路が複数ある。

14　小学校4年

7時間目の詳細については18ページを参照。

8時間目 （ねらい）乾電池の向きを逆にすると電気の流れも逆になる。

◆検流計、豆電球、モーター、乾電池（単一）、導線、乾電池ボックス
◎回路に検流計とモーターを入れて、乾電池の＋－を逆にして実験する。検流計で電気の流れる向きを調べ、モーターの回転方向を確認する。
　乾電池の数を直列つなぎで多くすると電流が多く流れモーターが速く回ることも確認させる。

9時間目 （ねらい）光電池を使い回路を作る。

◆光電池、豆電球の明かり、モーター、導線
◎光電池を使って豆電球をつけたり、モーターをまわす。光電池と乾電池の類似点と相違点を確認させながら実験させる。

10・11時間目 （ねらい）光電池を使いモーターカーを作成する。

◆光電池、モーター、タイヤ4本、ダンボール板（車のボディー用）、竹串2本、両面テープ
◎電気学習のまとめとして光電池を使ったモーターカーを走らせる。光電池の特徴と回路を意識しないとうまく走らない。

授業展開例

1時間目

（ねらい）金属は電気をよく通す。
　子どもたちはクギは鉄でできていると思っている。製品ではなくて素材に目を向けさせるために木・プラスチック・鉄・アルミニウム・銅・真鍮でできたクギを教材に使い電気を通す物を全体で確認する。電気を通すかどうか乾電池と豆電球とソケットで作った簡易テスターを使って調べる。

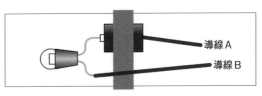

簡易テスター

T：クギは電気を通しますか。
C：通します。
　そこで木でできたくぎを見せる。（エーの反応）木と木をつなぐ時に使うクギであることを伝える。簡易テスターで確かめる。
　簡易テスターは導線Aと導線Bを接触させると回路がつながり豆電球が点灯する。導線Aと導線Bの間に調べる物を挟んで豆電球が点灯するかどうかで、その物が電気を通すか調べることを伝える。
　調べると木のくぎは電気は通さない。
T：クギは電気を通しますか。
C：どんなクギですか。
　プラスチックでできたクギを見せる。
C：通しません。
　簡易テスターで通さないことを確認する。
T：このクギは鉄でできています。鉄であることを知るためには何を使えばいいですか。
C：磁石
T：そうですね。調べてみましょう。
　黒板につけてあるマグネットで調べるとクギにすいつく。
T：鉄でできたクギは電気を通しますか。
C：通す
　「鉄は電気を通すか」という予想はほとんど正解であった。
T：このクギは何でできているか見ただけで分かりますか。
C：（色々適当なことを言う。）そこで鉄のクギと今紹介した（アルミニウム）クギを各列に配り重さを感じてもらう。（クギの長さ太さはだいたい同じ物を用意する）重さが極端に違うのでびっくりする。
T：このクギは何でできていますか。

C：アルミニウム
T：そう。アルミニウムでできています。アルミニウムは１円玉やアルミサッシやなべ等に利用されています。
質問：それではこのアルミニウムでできたクギは電気を通すでしょうか。

３年で学習しているが鉄のクギと比べたりしているので正答率が下がる。簡易テスターで電気を通すことを確認する。さらに銅（10円玉やなべ等に利用されている）でできたクギはどうかと問い、電気を通すことを確認する。終わったところで次のことを聞く。

T：電気を通す物は見ただけで分かる何か共通しているところはありませんか。
C：光っている。
T：ですか。（C：そうそう）ガラスやプラスチックの光り方とはちょっと違うね。透けてないね。
シンチュウのクギを見せる。これは電気を通すと思いますか。
C：通す
T：どうしてですか。
C：光っている。

子どもは素直に学習したことを活かして発言

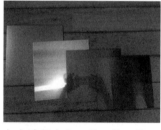

する。確認するとその通りであった。
電気をよく通し光沢がある物を金属ということを確認する。その後、鉄・アルミニウム・銅・真鍮の金属板を見せる。鏡のように光って顔を近づけると自分の顔が金属板にうつる。金属の光り具合をクギよりさらに感じることができる。そしてとてもきれいである。（昔の鏡は金属を使っていて、今もガラスの裏には金属が使われていることを話す。）金属の光りかたを金属光沢ということを確認する。

電気を通す物を確認した後、アラザンというケーキに使われている食べ物を紹介する。そして一人数個ずつ配りよく見た後、食べさせる。食べた後に次の課題を出し考えさせる。
課題：アラザンは電気を通すでしょうか。

通すかどうか意見が分かれるので、討論すると子どもの考えが分かり面白い。討論させることで自分の考えをはっきり意識することができ、実験にも主体的にのぞむことができる。

ここで議論になることはアラザンは光っているので電気を通すという学習したことを生かす子どもたちと食べ物に金属が入るというのは考えにくいという生活体験からでてくる意見がぶつかる。ぶつかることで実験する時に本当はどうなのかという他人事ではいられなくなる。結果が出たらそれぞれの思いが表情に表れる。

はじめの考えを書き終わったら、予想分布をとる。

（予想分布）　　最初の予想　討論後の予想
電気を通す　　　15人　　→　　19人
通さない　　　　12人　　→　　12人
迷っている　　　 4人　　→　　 0人

その後、子どもたちは次のようなやりとりをしている。
（T：教師　C：子ども）

T：考えた理由を発表して下さい。
CK：わたしは迷っています。光っているけど食べ物だから迷っています。
CN：わたしも迷っています。アラザンの表面は光っているけど、中身はお菓子だからです。
CW：ぼくは電気を通さないと思います。理由は食べ物だからです。
CA：ぼくも通さないと思います。理由はアラザンは食べ物だし金属の味もしないので金属ではないと思うからです。
CT：わたしも電気を通さないと思います。理由は金属に似ているけど食べられるから金属

ではないと思います。
CY：わたしは金属だと思います。理由はテカテカ光っているからです。
CM：わたしはアラザンは電気を通すと思います。理由は銀色をしているからです。
CN：わたしもアラザンは電気を通すと思います。理由はアラザンもアルミニウムと同じように光っているからです。
T：質問・賛成意見・反対意見をどうぞ。
CU：わたしの考えは通すで通さないに反対です。アルミニウムなどと同じで光っているから食べ物でも通すと思います。
CI：わたしの意見は通さないで通すに反対します。理由は○さんが光っているので金属と言ったけど、金属だったら食べることはできないと思います。
CH：ぼくも通さないで通すに反対です。理由は金属だったら食べたら金属の味がすると思うけどそのような味がアラザンを食べたときにしなかったからです。
CE：ぼくは電気を通すで通さないに反対です。理由は食べられるものだから金属ではないと言っているけど、金属でも食べられるものがあると思います。

意見交換後、友だちの意見を聞いてどのように考えたのかを再度ノートに書いてもらいその後実験前の予想をする。（予想分布右側）
簡易テスターで実験すると電気を通した。
◎実験結果では電気を通すと出たがいったいどんな金属なんだろうということになる。そこでアラザンが入っていた袋の添加物の表示を見ると「銀」と書いてある。そこで銀が使われている製品を紹介する。（銀と言えば銀メダル、ネックレス、指輪、スプーン、皿等にも使われている）

「金属を食べていいの。」という質問があった。金属は一般的にはよくないけど、銀や金等は体の中に入ってもそのままの状態で変化しないので栄養になるわけではないけど食べても毒になるわけではないので金箔入りのお酒や食べ物が

あることを話す。
その後授業をふり返り「確かになったこと」をまとめてノートに書いてもらう。
その話し合いをする時の授業の流れは、第7時の授業展開で詳細に説明する。

3 時間目（話し合い部分）

(ねらい) 電気の通り道が一つながりの輪になったときに電気はながれる。また乾電池を直列に多くつなぐと電気が多く流れ、豆電球が明るくつく。

課題：右の図のようにつなぐと豆電球に明かりはつくでしょうか。

（予想分布）　　　最初の予想　　実験前の予想
明かりはつく　　　11人　　→　　2人
つかない　　　　　18人　　→　　31人
迷っている　　　　4人　　→　　0人

T：理由を発表して下さい。（発表の一部分）
C：わたしは迷っています。＋と－をつなげたらつくけど、乾電池が離れているから迷っています。
CG：ぼくはつくと思います。違う電池でも＋と－とをつないでいるからです。
CM：私もつくと思います。乾電池の＋極と－極がつながっているからです。
CH：ぼくは明かりはつかないと思います。乾電池が二つ離れているからです。
K：ぼくもつかないと思います。一つの円になっていないからです。だから下の乾電池の＋極と－極をつなげたらいい。
T：質問・賛成意見・反対意見をどうぞ。
CK：わたしの考えは明りはつかないでつくに反対します。○さんは＋極、－極がつながっているから豆電球の明かりはつくと言ったけど一つの輪になっていないからつかないと思います。
CN：わたしも明かりがつくに反対です。理由は回路になっていないからです。

◎確認の実験をするとつかないことが分かった。CKさんが言ったことが本当か確認をした。豆電球は乾電池1個の時より明るくつくことが分かった。このような乾電池のつなぎかたを（回路がひとつ）乾電池の直列つなぎと説明する。

【確かになったこと】

今日の課題は、（略）・・わたしの考えは明かりはつかないでした。そのように考えた理由は図の下の乾電池がつながっていなくて一つの輪になっていなかったからです。○さんや○さんは、＋極と－極に線がついているから明かりがつくという意見が出ましたが、わたしは一つの輪になっていないから明かりはつかないと考えていました。結果はやはり明かりはつかないでした。CKさんが言ったように乾電池を＋－＋－とひとつながりになるようにつなげることを乾電池の直列つなぎということを勉強しました。乾電池を直列に2個つなげたら豆電球は1個の時よりも明るくなりました。

7 時間目（具体的な話し合いの流れ）

（ねらい）乾電池の並列つなぎでは回路が複数ある。

課題：乾電池の並列つなぎで乾電池につながる片方のアの線をはずすと、豆電球の明るさはどのようになるでしょうか。

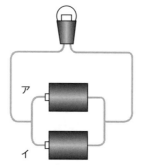

◎**授業への導入（5分～7分）**

前の時間の復習を兼ねて子どもが書いた前時のまとめ「確かになったこと」を発表してもらう。前の時間の内容を確認すると同時にまとめの書き方の手本を示すことになる。

次に本時の課題を説明する。課題は子どもが理解できるように説明しながら具体的に出す。説明後、意味が分からないところや質問を受ける。予想が出しにくい場合等は選択肢を設ける。

①乾電池1個の時より明るい
②乾電池1個の時位
③豆電球はつかない
④乾電池1個の時より暗い
⑤迷っている

◎**自分の考えをノートに書く（6分～7分）**

自分の考え（予想とその理由）をまず書かせる。書くことによって授業に主体的に関わることができるからである。最初は自分の考えを書けない子どもがいるので選択肢を設けてその中から選ばせて、なぜそれを選んだのかその理由を書くようにしている。それでも書けない子どもがいるのでヒントとして生活で体験したことや学習したことをもとに考えるように話す。これを繰り返すことによってだんだんと書けるようになってくる。

ここは一人で考える時間とし、友だちとは相談しないことを話す。静かに鉛筆の音だけが聞こえる状態になる。自分の考え（予想と理由）が書けたら、ノートを教師の所に持ってきて、書いている内容を教師が確認し理解できたら○をつけている。予想の理由に○を1つもらったら理由が他にはないか2つ3つの理由にチャレンジするように伝えている。

◎**友だちの考えを確認する（2分～3分）**

ほぼ全員がノートに理由を書き終わった頃予想分布をとる。全体の場で予想を確認することで、自分の予想をしっかりと自覚することができ、実験に望む姿勢が違ってくる。実験に主体的に関わるようになってくる。

（左側の人数は最初の予想で矢印の右側の人数は討論後（実験直前）の予想である）

予想分布

①乾電池1個の時より明るい　　4人 → 0人
②乾電池1個の時位　　　　　　16人 → 27人
③豆電球はつかない　　　　　　5人 → 1人
④乾電池1個の時より暗い　　　1人 → 3人
⑤迷っている　　　　　　　　　5人 → 0人

◎**自分の考えた理由を発表する（6分）**

話し合いの流れは、最初に予想の理由をそれぞれ発表させる。その後その理由に対して質問

や反対意見・賛成意見を発表させる。意見がある程度（時間との関係で全部の発言を保障できないときもある）出つくしたら、再度自分の考えを書かせ、予想分布をとる。

話し合いのときに大事なことは、子どもたちが友だちの考えを知ることである。だから多くの人の考えがわかるように配慮が必要になる。理由の発表順は、まよっている人から発表させる。まよっているということは自分の考えに自信が持てていないので自信のある人の後では発表がしにくいからだ。また、揺らいでいるその考えに子どもたちの素朴な考えや本質的な内容が含まれていることがある。それを最初に全体に伝えることで揺らぎ迷っている根拠を全体で共有したい。その後の理由発表は予想人数の少ないところから発表させる。発表する時は理由がノートに書いてあるからそのノートを見ながら読んで発表させることを基本とする。教師から○をもらっているのでちょっとした勇気があったらだれでも発表できる。発表した内容で生活経験や学習内容等からでた内容は「生活経験から考えたのだね」「前の学習を使って考えたのだね」と価値づけると発表内容がだんだん自分で考えられた内容になってくる。最後の理由発表は人数の多いグループになる。人数が多いので最後でも自信を持って発表できる。

C1：わたしはまよっています。その理由はアの線をはずすのだから回路が切れてしまうので豆電球は明かりがつかないかと思ったけれど、イの乾電池も回路があるのでどのようになるか見当がつかなくてまよっています。

C2：ぼくは最初に光った豆電球の半分ぐらいの明るさで光ると思います。どうしてかというと並列回路は、アの線が切れていても、イの線はつながっていて、回路ができています。さっきは2個の乾電池を使っていたので、アの線をはずしたら1個だけの乾電池を使うことになるので半分の明るさで光ると思います。

C3：ぼくはアをはずしたら乾電池1個の時より明るくなると思います。理由は乾電池が2

個ひとつながりにつながっているからです。

C4：ぼくはアをはずすと豆電球は光らないと思います。回路がきれてしまうからです。だから電気は流れないと思います。

C5：乾電池1個の時と同じぐらい光ると思います。理由はアをはずしてもイが残っているので電気は流れます。そして乾電池1個がつながっているので乾電池1個の時ぐらい光ると思います。

以上のような意見が出てくる。それをもとに次の意見交換をさせるようにしている。

◎質問・賛成・反対意見を出し合う。（7分）

4年生になると自分の考えたことと比べながら友だちの意見を聞いたり、発表したりすることができるようになってくる。また教師の働きかけとしてもわたしの場合は「友だちの意見は考えながら聞きなさい。自分の考えと違ったときには質問や反対意見が出るし、同じ考えだったら賛成意見が自然と出るはずです。」と話し人の意見を聞いて発表できるように準備させている。さらに友だちの意見はメモをしながら聞くように話をしている。（できる範囲内で）そのようにしてそれぞれの意見が出ることによって友だちの考えが理解でき、自分の考えもよりはっきりさせることができる。そして実験のねらいも明確になり主体的に実験にのぞむことができるようになる。

◎予想の変更と人数の確認をする（2分）

友だちの意見を聞いているうちにだんだんと自分の考えが変わったり、また自分の考えに確信を持てるようになったりする。そこで実験する前に再度自分の考えを確認する。

◎実験をして事実を確認する（7分）

実験をして確実に結果が出るようにする。実験をした後教師が、「今日は△△だったけれど、本当は○○なんだよ。」などということがないように用意をする。子どもたちの思考が混乱しないようにするためである。だから実験結果が明確にでる実験は子どもたちにさせるが、そうでない場合は教師実験を行う。また危険と予想

電気のはたらき　19

されるような実験も教師実験にしている。

◎**確かになったこと（6〜7分）**

今日の授業をふり返り自分の言葉でまとめをさせる。そのことによって授業で何が分かり何が疑問として残ったのかを1時間をふり返って明確にすることができる。また、書くことによって学習内容が定着し、積み重ねにもつながる。さらに次の時間へつなげることができると考えている。（子どもの疑問を授業に取り入れることもできる）

書かせる時のポイントはまず「今日の課題」を書かせ、最初にどのような予想を自分は持ったのかを書かせる。そしてその理由はどうだったのか、さらに友だちはどのような考えを持っていたか友だちの発表内容を書かせる。さらにその発表に対してどのように自分は考えたかも書かせる。最後に実験してどのような結果になり何が確かになったのかそして分からないところがあったらそれも書かせる。書けない子どもには教師が横について以上の手順にそって言いながら書かせるとよい。

〈**確かになったこと（子どものノートより）**〉

今日の課題は「乾電池の並列つなぎで、片方の回路のアの線を離すと豆電球はどのように光るか」ということでした。わたしは最初アをはずすと豆電球は光らないと考えました。理由は回路がきれてしまうと考えたからです。しかしCさんの、「アをはずしてもイが残っているので電気は流れ、そして乾電池1個つながっているので乾電池1個の時ぐらい光る」という考えに納得しました。それで実験前の予想では変えました。結果はわたしが予想した通り1個の時と同じ位光りました。

教科書と比較したこのプランの考え方

電気の学習は小学校理科の全ての学年で扱うようになっています。子どもたちは電気を使った物で遊ぶのは好きですが、学習になると電気を目で見ることができないこともあって理解することが困難な単元となっています。3年の学習は「乾電池に豆電球などをつなぎ、電気を通すつなぎ方や電気を通す物を調べ、電気の回路についての考えをもつことができるようにする。」と指導要領にある通り、回路と電気の良導体としての金属の学習が位置付けられています。その3年の学習内容である回路と金属の学習が小学校の電気学習の基礎になっていると思いますが、それがあまり理解されていません。そのため、回路や金属の学習は生活で使われている物と関係づけながら4年の学習でも再度扱う必要があると考えます。そのような学習をしてから乾電池の直列つなぎと並列つなぎの学習を回路に視点をおいて行います。4年の学習内容の乾電池の直列つなぎと並列つなぎでも混乱がみられます。乾電池が上下に並んでいる図を見ると並列つなぎだと考える子どもがいます。回路を鉛筆でなぞらせてひとつながりになっていたら直列つなぎで、回路をひとつながりにすることができず複数ある時が並列つなぎであることを指導します。

生活において乾電池の並列つなぎはあまり利用はされていません。以前は懐中電灯に乾電池の並列つなぎが見られましたが、乾電池やLED等の性能の向上により懐中電灯が小さく軽くなり、最近はあまり見られなくなっています。それに対して、教科書では扱われていない内容ですが、豆電球の直列つなぎ並列つなぎは生活の中で使われており、大事な内容として学習の中に入れています。家庭や学校で室内灯がたくさん使われていますが、それが直列つなぎだと大変なことになります。室内灯の数を増やすとだんだん明かりが暗くなります。さらにどれかひとつでも室内灯が切れると全ての室内灯は電気が流れなくなります。つまり豆電球の直列つなぎでは生活において不都合が起きるわけで、並列つなぎが使われているわけです。その学習内容を生活と結びつけて実感をともないながら学ぶことで物事をより深く考え「電気」を理解することができると思っています。

動物の体の動きとはたらき

山梨県公立小学校元教諭
望月 理都子

1）ねらい

動物は、骨、筋肉、関節のはたらきによって、体を動かすことができる。

◇**具体的内容**
○ヒトの体には、骨・筋肉・皮膚・髪の毛などがあることを知る。
○体の曲がるところと回るところには、関節があることを知る。
○骨や関節は、筋肉が縮んだり緩んだりすることで動くことを知る。
○関節が曲がる仕組みをニワトリの手羽先を使って観察する。
○草食動物と肉食動物が動く理由に気づく。

2）授業計画（7時間）

1時間目

ねらい ヒトの体の各部分には名前がある。
準 備 体の前後プリント

[課題1]
ヒトの体にはどんな名前がついていますか。

体の前と後が書いてあるプリントを配って今日の課題「**ヒトの体にはどんな名前がついていますか。**」を考える。自分の知っている部位の名前を書かせる。

口・鼻・耳・足・足首など、自分だけで書いた後で、グループで交流する。最後に学級でまとめをして、書いてない部位名をプリントに書き込む。体にはいろいろな名前のところがあることがわかる。

全員が書き終わったら、関節や筋肉を意識させるために体を動かす。上履きを脱いで行うと足首の力を抜きやすい。「①手を上に挙げて、

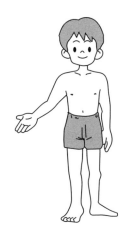
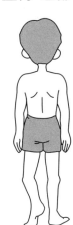

体の全てに力を入れましょう。」「②手のひらの力をゆるめましょう。」「③手首の力をゆるめましょう。」「④肘の力をゆるめましょう。」「⑤肩の力をゆるめましょう。」「⑥首の力もゆるめましょう。」「⑦腰の力をゆるめましょう。」「⑧膝の力をゆるめましょう。」「⑨足首の力をゆるめましょう。」みんな教室に寝転んでしまう。時間があったら、足の指から力を入れて最初のポーズにもどると楽しい。

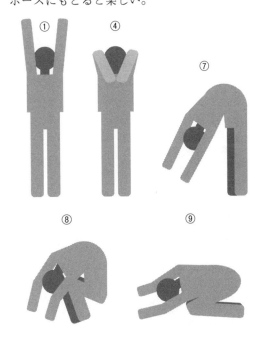

2 時間目

ねらい 体が曲がったり、回ったりするところには、関節がある。

準備 円形シール、骨格プリント（またはX線写真）

大事な言葉
筋肉：さわってやわらかい部分
骨：さわってかたい部分
関節：骨と骨のつなぎ目

[課題2]

　ヒトの腕や手のひらで、曲がったりするところはいくつありますか。

　自分の腕と脚をさわり、やわらかい部分を「筋肉」、かたい部分を「骨」であることを確認する。そして、子どもたちにシールを配り、肘と膝に貼らせ「膝と肘は、場所も名前も違いますが、同じことがあります。それは何でしょうか。」と問う。子どもたちは「曲がる」と答える。そこで、腕を示しながら今日の課題「**ヒトの腕や手のひらで、曲がったりするところはいくつありますか。**」を知らせる。自分の腕と手のひらの曲がるところにシールを配る。（シールは1人40個ずつに分けておいて渡す。）シールを貼り終えたら、腕から手にかけての骨格が描かれたプリントを配り、自分の腕と手のひらの曲がった場所と同じところにシールを貼り何カ所あったかを確認する。曲がる場所は骨と骨のつなぎ目で「関節」ということがわかる。手首は、曲がるだけでなく回ることを確認し、関節には、曲がるものと回るものがあることを知る。（プリントはB4版にするとおよそ実物大になるので子どもたちは実感しやすい。）

3 時間目

ねらい 体の曲がるところと回るところには、関節がある。

準備 全身骨格プリント（またはX線写真）

[課題3]

　自分で体を動かして関節をみつけ、骨格プリント（X線写真）の関節にしるしをつけましょう。

　「腕が曲がったり回ったりするところには、関節があることがわかりました。では、腕以外にも関節はありますか。」と問う。そして、全身骨格プリントを配り、同じポーズをとらせ、自分たちの体の中の骨はプリントのようになっていることを確認する。そして、今日の課題「**自分で体を動かして関節をみつけ、骨格プリント（X線写真）の関節にしるしをつけましょう。**」を知らせる。みんなで楽しく体を動かしながらプリントの関節に印をつける。

（全身骨格の図は、教科書にもあるのでそれにシールを貼ることもできる。）

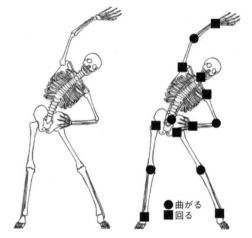

● 曲がる
■ 回る

　自分たちの体はたくさんの関節があることがわかる。関節の曲がるところ、手の指・足の指・肘・膝・足のつけねなど。回るところは、「首・肩・腰・足首・手首などであることも確認する。

4 時間目

ねらい 腕を動かすとき、筋肉はちぢんだりゆるんだりしている。

準備 腕の筋肉プリント、（骨と筋肉の動き実験セット）

大事な言葉　ちぢむ：盛り上がったりふくらんだりする状態
　　　　　　　ゆるむ：のばされ細くなる状態
　　　　　　　腱　：筋肉の端が細く丈夫になっていて、骨についている部分

[課題4]
　腕相撲をしているときに、腕にさわってみましょう。力こぶをつくったときの筋肉はどんな形をしていますか。絵にかいてみましょう。

　腕の骨を確認する。腕を曲げたり伸ばしたりする。そして、「私たちの腕には、内側の筋肉と外側の筋肉があります。触ってみましょう。触った感じの違いがありますか。」と問いかける。子どもの体型により筋肉の変化がわかりにくい子どももいるので、「違う」「変わらない」とどちらもでてくる。そこで、「今日は、腕相撲をしながら考えます。」と言い、今日の課題「**力こぶをつくったときの筋肉はどんな形をしていますか。絵にかいてみましょう。**」を知らせる。友だちと腕相撲する。筋肉（力こぶ）が盛り上がったりふくらんだりする状態を「筋肉がちぢむ」、のばされ細くなっている状態を「筋肉がゆるむ」ということを確認する。腕相撲をしながら自分で筋肉に触って確認できない子どもは、友だちの筋肉に触らせてもらうようにする。筋肉ののび・ゆるみを触ったり、見たりした感じから想像して、プリントに筋肉を描かせる。筋肉の端が細く丈夫になっていて、骨についている部分を「腱」ということも知らせる。

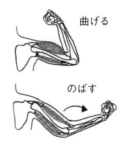

　理科室に「骨と筋肉の動き実験セット」があったら班ごとに実験すると、より骨と筋肉をイメージしやすい。

5・6時間目　詳しくは「授業の展開」参照
ねらい　ニワトリの手羽先に骨と筋肉がある。手羽先で骨格標本をつくる。

準備　手羽先（生のもの：班で1本、煮たもの：3人で1本）他（後述）

[課題5]
ニワトリにも筋肉や骨がありますか。

　生の手羽先の筋肉・腱・関節を観察する。手羽先を班に1本ずつ配り、学習を進める。販売されているものの表示にいろいろあるので気をつける。手羽中と手羽先がついているものを用意する。「手羽先」とあっても手羽中だけのものもある。ここでは、手羽先と手羽中が一緒になった物を「手羽先」としている。

【課題6】
手羽先の中から骨をさがして骨格標本をつくりましょう。

　煮た手羽先を解剖して骨をさがす。手羽先は3人で1本ぐらいがよい。（肉を取る、骨を洗う、骨を整頓するなどと仕事を分担する。）

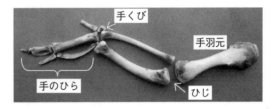

7時間目
ねらい　肉食動物は、えさを求めて動きまわる。草食動物は、えさを探したり、肉食動物から逃げたりするために動きまわる。

準備　ライオン・チーター・シマウマの動画

【課題7】
動物は、筋肉と骨で体を動かしています。では、ライオンは、何のために動くのでしょうか。また、シマウマは、何のために動くのでしょうか。

　肉食動物の代表としてライオンかチーター、草食動物の代表としてシマウマかヌーまたはトムソンガゼルなどライオンたちのターゲットと

動物の体の動きとはたらき　23

なる動物の動画を準備しておく。（子どもたちが知っている、狩る・狩られる関係の動物たちならどの動物でもよい。）肉食動物は生きるために狩りをするためと獲物を求めて移動するために動くこと。草食動物は生きるために植物を探して移動するためと肉食動物から逃げるために動くことに気づかせる。（筋肉の動きがわかりやすいのは、チーターの走りをスローモーションで撮影してあるものである。）

3）授業の展開　（5・6時間目）

【ねらい】ニワトリの手羽先に骨と筋肉があることを確かめる。

【準　備】ニワトリ部位プリント、手羽先、プリント、カメラ、手羽先（生のもの：班で1本、煮たもの：2～3人で1本）、竹串、歯ブラシ、皿、ボウル、ざる、手ふきタオル、ペーパータオル

5 時間目

【課題】ニワトリにも筋肉や骨がありますか。

　2時間続きで行うと、子どもたちの興味がとぎれず、時間調整もしやすい。

　この授業は、家庭科室で行う。子どもたちの中には、解剖を受けつけない場合がある。今回の授業では、解剖というよりも、食べ物を調べるという雰囲気をつくりたい。エプロンを準備しておくと調理実習のような気持ちででていねいに解剖することができる。道具もボウルや皿などを使う。子どもたちの様子にもよるが、透明の手にフィットする使い捨て手袋を使うと子どもたちが手羽先に触る抵抗がなくなると思う。

○授業の準備（2分）

　授業中に気分が悪くなったら、だまって廊下に出て休むように話す。食べ物であること。生きていたものを学習に使わせてもらっていることも話す。

○課題を提示する（3分）

　「これまでは、ヒトの体について学習してきました。ヒトの動きは骨と筋肉に関係していることがわかりました。人間の骨と筋肉を見るのは難しいので、ニワトリで見ていきたいと思います。」と話した後、今日の課題「**ニワトリにも筋肉や骨がありますか。**」を提示する。そして、各班に生の手羽先を一本ずつ皿にのせたものを配る。（手羽先は、事前に教師がクッキングばさみなどを使って筋肉が見えるように開いておく。ここで提示するときは開いた方を下にして筋肉が見えないようにして置く。）

○**自分の考えを書く（5分）**

　子どもたちは、目の前の手羽先だけでなく、食べたことがあるフライドチキンや骨付き唐揚げを思い出して考えるように助言する。骨は考えられるが、筋肉は「わからない」も出てきてもよい。ここでは考えをまとめるのではなく、わからないから実際に解剖しながら確かめることが必要であることを知らせたい。

○**手羽先の筋肉・腱・骨・関節の観察をしよう（15分）**

　「この手羽先は、ニワトリのどこの部分なのかわかりますか。」羽の先の方であるとはわかっていてもニワトリの体全体のどの部位なのかを知っている子どもは少ないと思う。子どもの考えを聞いた後、部位プリント〈左図〉で確認する。手羽元・手羽先を用意しておき、プリントに置くと〈右図〉イメージしやすい。また、ヒトの体のどの部分と同じなのかも確認する。

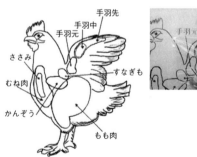 

　筋肉の形を観察する。生の手羽先の開いた方を上にして筋肉が見えるようにし、「どれが筋

24　小学校4年

肉かわかりますか。触ってみてもよいので見つけましょう」と問う。子どもたちは触りながら筋肉を見つける。

骨を確認する。触りながら、筋肉の下に骨があることも見つける。

筋肉と骨がつながっていることを確認する。筋肉の先をたどると骨につながっていることを確認させる。

○**手羽先の筋肉を引くと関節が曲がるか確かめよう（10分）**

骨と筋肉がつながっていることがわかったところで、観察の仕方を説明する。Cを指で持って、Aをピンセットで引いてみる。

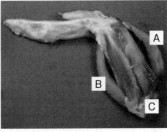

手羽先の関節が伸びてまっすぐになることがわかる。反対にBを引くと、関節が曲がる。AとBの筋肉の動きを観察させる。AとBを引いたり緩めたりすると先が動くので筋肉が動かしていることがわかりやすい。（子どもたちがすぐに実験をはじめられない時は、教師が見せてから、子どもたちにさせる。）

「筋肉の先はどうなっていますか。」子どもたちに問うと、筋肉の先が白く、細く、固くなって骨につながっていることに気づく。その部分を「腱」と言うことを知らせる。また、手羽先と手羽中は曲がることから、そこに関節があることも確認する。

これらのことから、ヒトの腕と同じように手羽先にも筋肉と骨があることを知る。

○**プリントに筋肉・腱・骨・関節の名前を書き結果をまとめよう（5分）**

開いておいた手羽先の写真をプリントしておく。筋肉・腱・骨・関節の部分に名前を入れ、ノー

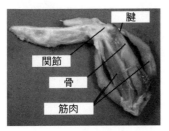

トに貼りつけてこの時間の学習についてわかったことを書く。ここで休み時間をとる。

6 時間目

【課題6】手羽先の中から骨をさがして骨格標本をつくりましょう。

○**手羽先の中にある骨をさがそう（20分）**

煮た手羽先と骨格プリントを配る。（生のままの手羽先は、解剖するには、油と臭いが邪魔をして子どもたちの作業が進まないので、煮たものを使う。生姜を入れて煮ると臭いが消えて扱いやすい。）

2～3人のグループに1本ずつ手羽先を皿にのせて配る。「手羽先の中にある骨をさがします。筋肉を取って骨だけにしましょう。」

[手順]

① 皿の上で皮、肉を取る。

・上腕部分の骨（とう骨と尺骨）と、手の部分の骨（手根中手骨）も取り出す。

・軟骨や関節包（関節を包んでいる袋）があるが、それは取り除いて骨だけにする。

② 水の中で肉をとる。

・①で取った骨をボウルの中で洗いさらに細かい肉を取る。水を捨てるときには、ざるを使うと小さい骨を見失うことが少なくなる。

③ 手で取りにくい細かい肉は、竹串や歯ブラシを使って取る。

④ 水気をペーパータオルなどで取り、骨を並べる。

骨格プリントを見ながら骨を取り出すと、「この骨だな。この先にも骨があるはずだから気をつけよう。」などの考えをもって骨の解剖をすることができる。

骨と筋肉の腱がしっかりついていることに気づく子どもや、関節のところでは、関節を包んでいる関節包や骨についている軟骨も見つける

動物の体の動きとはたらき　25

子どもがあらわれる。子どもたちの発見をみんなで確認し合うとより細かく観察することができる。気づかずになくしてしまう子どももいる。そんなときは、他の子どもや教師のものを見せるようにするとよい。

○プリントにのせながら骨を確認する（10分）

取り出した骨をプリントに置く。手羽先の骨格は、全部で11パーツ［指骨4・中手骨2・手根骨3・とう骨1・尺骨1］になるようだ。若鶏は9パーツの場合もあるらしい。（スーパーなどで売っている手羽先は若鶏のものが多く8パーツもしくは7パーツしか見つからないことが多い。パーツは全部そろわなくてもよいこととする。）

○ニワトリの手羽先とヒトの腕を比べよう（10分）

プリントに、前腕、上腕、手の部分を線でつなぎ、確認する。ヒトの骨とニワトリの骨のつくりが、似ていることがわかる。

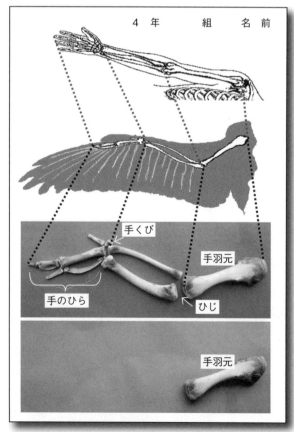

○記録に残す（10分）

今日の授業でわかったことを書く。その間に、教師は子どもたちがプリントに並べた骨格標本を写真に撮り、手羽先の骨格標本が全員のノートに貼り付けられるようにする。骨の本物がほしい子どもには、骨の洗浄やボンドで厚紙に貼り付けを行い、持ち帰るようにする。保管するときには、壊れないように箱などにいれておく。

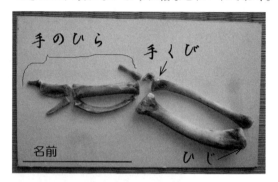

4）本単元の設定の背景

子どもたちが主体的に学習に向かうために自分の体について学ぶことは大切だと思います

教科書では、6～7時間で単元が構成されていますが、本単元は実際に触ったり、見たりすることを大切にしたいので7時間で計画しました。はじめに、ヒトの体には骨と筋肉があり、体を動かすことができるのは、骨と筋肉のはたらきによることを学習します。子どもたちにとって身近な「腕」の関節をもとにしながら、体の他の部分に学習を進め、体を動かすことができるのは、骨と筋肉のはたらきであることを学習します。

ヒトの体という身近な教材でありすぎるために、わかりにくい面もあります。そこで、自分だけでなく友だちと一緒に、体に触り、体を動かし、骨格の図なども活用し、骨と筋肉をイメージしやすくします。また、手羽先の解剖をし、実際の骨と筋肉を観察することで、自分の体も他の動物たちと同じことがわかり、動物の体が客観的に見えるようになるのではないか思います。

月と星

山梨県小学校教師
丸山 哲也

1 ねらい

「月と星」の単元は、夜の観察が中心になり、教室での学習がやりにくい単元である。そこで、昼間に学校でできる月の観察から取り組んでいる。その後、自宅で月や星の観察を行う。みんなで楽しく校庭で観察をすることで、星や月に関心をもち、次のような内容を理解してほしいと考えている。

(1) 西・東・南の方向にある月の動きを観察する。
(2) 月は、日によって形や見える位置が違う。
(3) 星や星座には名前がある。
(4) 星は少しずつ動くが、ならび方は変わらない。
(5) 星の色にはちがいがある。

4年生の天体学習は、天動説になっている。月や星の見かけの動き方がどのようになっているのかを、子どもたちが体験的に実感することが目標である。3年生の「太陽とかげの動きを調べよう」の単元と関連している。そして、社会科の学習内容である「八方位」も理解していることが、前提条件になっている。

教師は、子どもたちが知っている内容だと考えていても、わからなくて困っている子どもがいる場合もある。観察やまとめの前提となる学習内容についても、ていねいに確認して授業を進めたい。

月と星の学習で最も大切なことは、学習する季節である。7・9月は、梅雨前線や秋雨前線の影響で天気が不安定である。単元を入れ替えて、観察に適した10月後半から11月に学習することをお勧めしたい。この頃になると12時前に南の空に下弦の月を見ることができる。また、天気の心配が少ない晩秋のきれいな夜空で、月や星の学習を行いたい。

単元のスタートは、昼間に学校で観察できる下弦の月（月の左側が光っている半月）が、最適である。

人も、植物も、岩石も、名前を知っているとなぜか親しみをもてるものである。夜空を見上げた星たちにも名前があることを知ると、子どもたちの学習意欲も高まる。星座や星を見つけることができるとなおさらである。「夏の大三角が、見えるかな。」「彦星は、織姫は、」そんな気持ちで星空を観ることができるようになると月や星の学習も楽しくなる。

授業の中で、望遠鏡や双眼鏡を使った月の観察にも取り組ませたい。肉眼で見るよりさらに神秘的で美しい月に出会うことができる。本単元では夜空をより身近に、より深く楽しめるようになることも目標の1つだと考えている。夜空の星を眺めることが楽しみになるような子どもたちに育てることができたらうれしい。

視聴覚教材を活用することも大切である。実際の観察だけでは、どうしてもイメージを持てない子どもが多い。ましてや、観察プリントを仕上げることが難しい環境の子どももいる。子どもによっては、スケッチをつないでも月や星の動きは、理解しにくいものである。わたしは、NHKフォースクールのクリップになっている映像を使って、子どもたちに長時間の月や星の動き方を学習させている。学習ポイントが短時間にまとめられているので子どもたちも理解しやすい。検索ソフトで、NHKフォースクール4年の続きに、「月の動き」などの言葉を入れて検索し、実際に内容を確かめてほしい。

月と星　27

2 指導計画（全7時間）

　授業時間は連続の45分間ではなく、学校での観察のための事前授業と家庭での課題を確認してまとめる授業になる場合がある。※印の授業は、事前事後を合わせて45分授業と考えている。

　変則的な授業時間になる場合があるので、他教科と合わせた時間で指導計画を考えたい。月や星の観察を家庭学習とした場合は、翌日に必ずまとめの学習を行いたい。時間をやりくりして理科の授業を20分程度は行うと効果的である。

1 時間目　3展開例（1）に詳しく掲載
目標　南に見える月は、東から西に動くことを知る。（事前授業を25分間行う。月の動く時間をとるため違う授業を行い、観察とまとめを行う。後半35分間）

課題1　昼間、月が見えるでしょうか。

2 時間目
目標　昼の月を望遠鏡で観察し、月が動いていることを実感する。

課題2　昼間の月を望遠鏡で観察しましょう。

　学校にある望遠鏡・双眼鏡を準備する。保護者や同僚にもお願いして、3人に1台くらい準備することが望ましい。バードウオッチング用の望遠鏡も扱いやすい。少ない望遠鏡で、観察を実施すると観察できない時間が長くなり、授業として集中できなくなっていまう。望遠鏡等の数がそろわないときは、休み時間等に数人ずつに観察を行っている。校長に許可をもらい保護者宛の文章を作ると、望遠鏡等を貸してくれたり、一緒に観察したいという保護者が名乗りを挙げてくれることもあった。

　望遠鏡・双眼鏡は、三脚を使って月を観察する。教師が、月を画面の中央に入れてから、子どもたちに観察させる。すると、月は、みるみる間に望遠鏡の画面から出て行ってしまう。子

どもたちは、月が動いていることを実感できる。スケッチで月が動いていることを学習しているが、月の動きを実際に確認することは、子どもたちにとって感動的である。「本当は、地球が動いているからだよね。」という子どももいる。しかし「よく知ってるね。素晴らしい。」と認めてあげて、あまり深入りしない方がよい。

　上弦の月になってから家庭学習として、夜の月も観察したい。デジカメなどでも高倍率のものは、クレーターを見ることができる。親子で、月の観察をするように家庭にもはたらきかけてほしい。また、月の模様は、国によって見方がだいぶちがっている。日本では、餅をつくウサギだが、ライオン・カニ・ワニ・本を読むおばあさんなど、たくさん紹介されている。こうしたプリントも準備し、家庭でどのように見えるか親子で観察するのも楽しい。

3 時間目　3展開例（2）に詳しく掲載
目標　西の空に見える月は、太陽と同じように西にしずむことを知る。

課題3　西の空に見える月をスケッチしましょう。月は、この後どちらに動くでしょうか。

　下弦の月を観察した1時間目の翌日に実施するとよい。月が欠けて細くなると子どもも教師も見つけにくくなる。

4 時間目　※
目標　夏の大三角を見つけ、星の色を確かめることができる。（カードの使い方、記録の描き方と宿題の確認で45分授業）

課題4　夏の大三角を見つけ、星の色を確かめましょう。

事前準備　授業の前に、夜空の観察はできるだけ親子で行って頂けるように通信等でお願いしておくことが大切である。実視覚カードの使い方も、保護者に理解して頂けるように事前に配布しておきたい。

　実視覚カードとは、星座の線画が描かれたカードである。このカードには、星空の星座と

28　小学校4年

同じ大きさに星座が印刷されている。

　教科書の付録にも実視覚星座のプリントがある（名前は会社によって違う）。子どもたちが、このカードを持っていっぱいに手を延ばして夜空を見上げると、カードと同じ大きさに星座が見える。星座早見盤では、実際の大きさがわからず、違う星を勝手につないで星座だと勘違いしている子どももいる。実視覚カードを使うと、星座を見つける楽しさが倍増する。

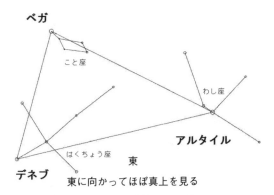

　実視覚カードの使い方を昼間の教室で行う。教師は、星の観察ができそうな日の夜の8時頃にどの方向に夏の大三角が見えるか調べておく。教室では、実際に見える方角と高さに実視覚のプリントを向け「夜の8時には、こんな方向に夏の大三角が見えるよ。」子どもたちと夜の観察をシュミレーションしておく。教科書に実視覚カードがないときは、「宇都宮大学・星に重ねる星座カード」で検索すると、透明シートを使った実視覚カードの作り方が掲載されている。これを紙に印刷して使っても星座の探し方は、簡単になる。

　実際の写真や画像も子どもたちに見せたい。夏の大三角ほどでなくてもよいが、夜空に輝く姿をイメージさせたい。

　教室で実視覚カードを使って授業をすると家庭での観察もうまくいくと思う。月の観察と同じように、電線等を絵の中に書いて大きさを比較したり、移動の向きを記録したりできるようにスケッチできるとよい。もちろん星の色も記録するようにする。

　夏の大三角は、ベガ（白）アルタイル（白）デネブ（白）みんな白い星である。夜空を見上げて赤・青・オレンジ色の星があることに気づくかもしれない。こうした意見は、教師が肯定してしまうのではなく、次の日にみんなで確かめてみましょうと、課題にしていくと観察する動機付けになる。教師に言われてするのではなく、確かめてみよう、本当なのかなと、興味が持てるような課題にすることが大切である。

　課題の翌日、教室では、家で行ったスケッチを黒板に掲示する。真上に見える星は、東から南に動いていることを確認する。また、星には、白以外の色もあるか子どもたちに問いかけたい。

　スマホのアプリとして「星座表」などもある。すでに、使っている保護者もいるかもしれない。どこにどんな星座が見えるのかを分かりやすく教えてくれる。星空にかざすだけで、その場に見える星座がわかる。星座早見盤よりも使い易く、わかり易いのが特徴である。星座をイラストつきで紹介してくれているので、神話と合わせて星座のイメージをつくることができる。教師にとっても星座早見盤よりも使い勝手がよいかもしれない。

　教師の事前学習にもお勧めのアプリである。

5時間目 ※

目標 オリオン座を見つけ、星の色を確かめることができる。

課題5 オリオン座を見つけ、星の色を確かめましょう。

　オリオン座の実視覚写真を準備する。11月15日の8時ごろには、東の空からオリオン座が上がってきている。

天頂を見上げるようなオリオン座になる。ベテルギウスは、さそり座のアンタレスと同じ赤い星。8時に見えなくても9時頃には東の低い空に輝いている。オリオン座の観察で、星にはいろいろな色があることに気づく。実視覚カードの使い方を教室で確認する。4時間目の夏の大三角の課題がどの程度できたかによって学校での授業をていねいにしていく必要がある。

オリオン座も実際の写真か画像を子どもたちに見せたい。星の色も、画像から気づく子どもがいるかもしれない。

課題の確認は、カードを黒板に貼り、星座の動きを確かめる。太陽と同じように東から星座が上ってくることに気づく。オリオン座の赤い星ベテルギウス、青白いリゲルは、明るい夜空でも見つけやすい星である。

オリオン座
東に向かってほぼ真上を見る

星座の学習と合わせて、神話も紹介していきたい。線画だけでなく、狩人の絵になったオリオン座も紹介する。オリオンはとても体が大きく、力持ちなギリシャ神話で一番の狩人であった。オリオンは、自分の強さを自慢するようになる。それを見かねた女神ヘーラは、オリオンをこらしめるために、彼の足元に大きなサソリを放つ。さすがのオリオンもサソリの毒には勝てず、命を落としてしまう。オリオンは、それ以来サソリが苦手になり、サソリが東から夜空に上がってくる季節になると西に沈んでいく。そして、サソリが空に見えなくなる秋になると東の空に姿を見るようになった。

オリオン座の「ベテルギウス」、おおいぬ座の「シリウス」、こいぬ座の「プロキオン」の3つを結んで形作るのは「冬の大三角」。

おおいぬ座の「シリウス」、こいぬ座の「プロキオン」ふたご座の「カストル」と「ポルックス」、ぎょしゃ座の「カペラ」、おうし座の「アルデバラン」、オリオン座の「リゲル」を結んでつくる六角形が『冬のダイヤモンド』または「冬の大六角形」と呼ばれている。夜空を見上げると、南のシリウスから北のカペラまで、ほぼ空の半分にもなる大きなダイアモンドである。星がたくさん輝く冬の1等星の美しさを親子で体験できる。

線画と実際の画像を子どもたちに見せて、観察の楽しさを子どもたちに伝えたい。

6時間目 ※

目標 三日月が西の空にしずむことを知る。
課題6 三日月の見える方角を確かめ、どちらに動くかスケッチしましょう。

星の観察を間に入れながら、三日月になったころには月の学習にもどりたい。本当の三日月は、細く観察が難しくなるので、月齢4～5くらいの月を天気のよい日に観察させるのが適当である。

三日月は、西の空にでるが、下弦の月と違って、日中の観察はできない。西に見える月の観察したプリントを見ながら、自宅での観察方法を教える。まず、西の空が見えるところをさがすことが必要である。そして、電線や電柱など月の動きの目印になるものを決める。月の見えだすおよその時刻を教師が子どもたちに伝えることも必要である。都市部では、建物や明かりで観察が難しいときがある。地域に応じて月齢をあげることも必要になるかもしれない。

7時間目 ※

目標 東の空に見える満月の動き方を知る。
課題7 満月の見える方角を確かめ、どちらに動くかスケッチしましょう。

満月は、夕方東の空に見える。教室で、月の出の時刻を確認して、月が見える方角を全員で確かめる。学習が進んできているのでスケッチ

の方法もだいぶ理解してきていると考えられる。

翌日は、東から南東に動く月の動きをまとめる。ここまでの授業で、月の動きは太陽の動きとだいたい同じということに気づいているかもしれない。ここで、NHKフォースクールのキャプチャー「月の動き方」を見て、月の動きをまとめる。それから、自分のスケッチを見て月の動きが太陽と同じになっているか、方角毎に確かめる。スケッチから太陽と同じ動きと考え出すことは難しいが、月は太陽と同じ動きなのだと知っていると、自分のスケッチから同じ動きだと確認することはわかり易い。

時間があれば、NHKフォースクールのキャプチャー「時間をちぢめてみる（空）」の後半（46秒以降）を見せたい。太陽と月の動きを、同時に確認することができる動画になっている。月の横には、かすかに光る星も見える。太陽と月が同じ動きかたをしていることを確かめることができる。

〈単元最後の子どもたちの感想〉

「太陽と月は、同じような動きをすることがわかった。月は、朝から見えたり、昼間に見えたり、夕方に見えたりした。いつ月が見えるかは、よく分からなかった。先生は、月がまったく見えない日があると話していた。天体ぼうえんきょうで見た月は、でこぼこしていた。クレーターをはじめて見た。」

「星がたくさん見えてびっくりした。空には、いろいろな星座があることがわかった。わたしの星座は、おうし座なのでおうし座をさがしてみたいと思った。月をぼうえんきょうではじめて見た。目で見た月は、たいらに見えるけれど、ぼうえんきょうではぜんぜんちがっていた。なんで見え方がちがうのかふしぎだった。」

3　展開例

(1) 1時間目

事前準備　下弦の月（またはその前）の日に授業を設定する。校庭から南側を撮影しておく。月の位置を描き込みやすくするために、電柱や建物などが画面に入るように撮影する。写真をトレーシングペーパーに写し取り、子どもの観察プリントを作っておく。

課題1　昼間、月が見えるでしょうか。

月を見たことがあるか子どもに問いかける。次に、昼間月が見えるか問いかける。昼間の白い月を見たことがある子どももいるはずである。簡単に意見を聞き、校庭で月をさがさせる。

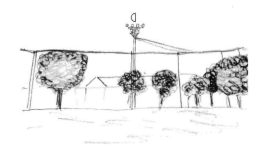

月を見つけることができたら、「照明灯の真上に月が見える位置に動いてください」全員が、一直線に並ぶ。全員がそろったら「照明灯の左の大きな木の真上に月が見えるように移動してください」また、全員が一直線に並ぶ。また子どもたちに、「照明灯の真上に月が見える位置まで月を見ながら動いてください」と伝える。子どもたちは、「月が動いている」「月が追いかけてくる」と口々に話す。この後で、「月が大きな木の上から照明灯の上に動いたのですか」と、問いかけると、月が動いたのではなく、自分が動いたことに気づくはずである。

自分が動くと月が動いたように見えることを確認し、月の観察は同じ場所で行うことを教える。そして、プリントを配る。「照明灯の真上に月をかきましょう。」教師は、このとき子どもの足下に白線を引いておく。

「2時間たったらもう一度同じところで月を

見ます。月は同じところに見えますか。」子どもたちに２時間後に月の見えそうなところに月の絵を描き込むように伝える。

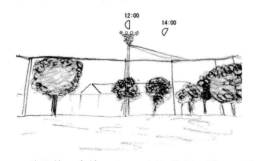

２時間後、白線にそって同じ位置に並ぶ。月を見ると確実に西に動いていることに気づくはずである。実際の位置に月をスケッチして時刻を書かせる。

教室で、わかったことをまとめる。「月は昼間でも見えることがわかった」「昼間の月は、白い色をしていた」「月が動いていることもわかった」「南の空に見える月は、西の方に動いていた」

前半と後半で60分くらいの授業になるかもしれない。スケッチ時間が、ばらばらにならないように月だけを一筆で書くように指導する。

(2) ３時間目
目標 西の空に見える月は、太陽と同じように西にしずむことを知る。
課題２ 西の空に見える月をスケッチしましょう。月は、この後どちらに動くでしょうか。

１時間目と同様に西の空を撮影し、プリントを作る。撮影のときに気をつけたいのは、月の動きがわかるように、基準になるものを画面に入れておくこと。電線などがちょうどよい。

西の空を見て月をさがす。「電線の真ん中の上側に月が見える場所をさがしてください」。教師が、大きな紙に月をスケッチして、このスケッチと同じように見える位置に移動させる。みんながそろったら一列になって月をスケッチさせる。教師は、前回と同じように地面に白線を引いておく。

スケッチが終わったら教室に戻させる。ここまで20分くらい。教室では、月は、この後どちらに動くか。プリントに矢印をかかせる。理由があれば、発表させる。２時間ほどして、月の位置を確認するために外に出る。月が斜めに下に動いていることを確認させ、プリントにスケッチさせる。

太陽と同じように、西にしずむことを確認する。太陽の動きを理解していない子どもがいる場合は、太陽の動きを復習する必要がある。NHKフォースクールキャプチャー「太陽の動きと温度」を見ると、太陽の動きが概観できる。太陽が東から上り、西に沈むことを理解していない場合には、月の観察と合わせて太陽の動きも復習したい。

4　単元設定の背景

教室の授業からはじめる月や星の学習は、子どもたちにとってわかり易かったでしょうか。教科書に掲載された観察の結果だけで学習を進めると子どもたちにとって図や写真の読み取りとまとめだけの授業になってしまいます。

実際に月を見たり、星を見たりすることが、子どもたちにとってよい体験になると思います。本物を見ることは、理科の授業にとって最も大切なことです。子どもたちに月や星の観察を家庭学習の課題とするときは、学校ですべての子どもができるようにしておくことが大切です。家庭の協力を得られない子どもが多くなっていることも配慮する必要があると思います。

物の体積と空気

東京　南多摩サークル

小幡 勝

体積変化を扱う前に

　現行の４年生の教科書では、「空気と水」の単元で、注射器に閉じ込めた空気や水を押してその体積変化や手応えの違いを調べさせようとしている。また、「物の体積と温度」の単元でも、「空気、水、金属を温めて、それぞれの体積はどのように変化するかしらべてみましょう。」とあり、どんなものにも体積があるということは、子どもたちにとって周知のこととして扱われている。しかし、この前提となる空気や水の体積は、２年生の算数で「水のかさ」を学習しているだけで、「物の体積」の学習はない。

　そこで、「空気と水」や「物の体積と温度」の単元の前に、「物の体積」の学習を意図的に組んでおきたい。

物の体積の学習

１，学習目標

　物には体積があり、一定に空間を占める。

1　物は場所を取り、その大きさを体積という。

2　物の体積は、形を変えても変わらない。

3　小さい物にも体積がある。

２，指導計画（全６時間）

※教科書にはない単元なので、時間が取れないかもしれないが、せめて下の３、４、６に取り組み「物の体積を水の体積に置き換えて測れること」「物の形を変えても体積は変化しないこと」「どんな小さなものにも体積があること」をとらえさせておきたい。

1　粘土がいっぱい入った入れ物に乾電池を押し込むと、その分だけ粘土がはみ出す。

2　水がいっぱい入ったビーカーに物を沈めると、その分だけ水があふれる。

3　石の体積を測ることができる。

4　アルミの針金の形を変えても体積は変わらない

5　アルミの針金を細かく切っても、切る前の体積と変わらない。

6　ホチキスの針１本にも体積がある。

３，学習の展開

〈第1時〉　物の体積

ねらい；物は場所をとり、その大きさを体積という。

①　金属製プリンカップに粘土をぎりぎりまで入れたものを見せ、「この中に乾電池を入れると粘土はどうなるだろう」と問いかける。

[質問１]

　入れ物いっぱいに粘土が入っている。この中に乾電池を押し込むと、粘土はどうなるだろう。

②　子どもたちを教卓に集め、実際にやってみせる。粘土が押し出されたことを確認する。乾電池を２cmほど押し込んだところで、乾電池を抜くとそこには穴があいているのを見せ、「ここにあった粘土はどうしたの？」と聞き、「乾電池に場所をとられてどかされた」ということを引き出す。

③　定規を使って、盛り上がった部分の粘土を削り取り、乾電池が入っていた穴に詰めると、ほぼいっぱいになる。乾電池が粘土の中に入った大きさの分だけ、粘土がどかされたことを確認する。ここで、物がとる場所のことを“体積”ということを教える。

④　ビーカーの中に大きな石と小さな石を入れ、「どちらがたくさん場所をとっているだろう」と聞く。大きい石の方がたくさん場所を取っ

物の体積と空気　33

ているので、大きい石の方が"体積が大きい"ということを話す。
⑤ 〈実験したこと・確かになったこと〉を書く。

〈第2時〉 物の体積調べ①

ねらい；物の体積を水に置き換えて量る。

① プリンカップに麦粘土をすり切りいっぱい入れたものと、油粘土で斜めに支えておいたビーカーの口のところまで水が入ったものを見せる。それから、「このプリンカップの中の物をビーカーの中に入れたら、水はどうなりますか」と聞き、次の課題を出す。

[課題1]
ななめにしたビーカーに水がいっぱい入っています。プリンカップいっぱいにつめこんだ物をそのビーカーに入れます。あふれた水は元のプリンカップいっぱいになるだろうか。

② 〈自分の考え〉を書いてから話し合う。まず、どの考えの子が何人いるのか手を上げさせて調べ、少数意見から発表させる。
③ 〈友だちの意見を聞いて〉を書かせる。
④ もう一度意見分布をとり、意見を変えた子から発言させる。
⑤ 実験を見せる。まず、ビーカーの水があふれたら自然に流れるように、ビーカーの口にガラス棒を立てておき、流れ出た水を捨ててから、プリンカップの中の物をビーカーの水の中に静かに入れる。あふれた水がガラス棒を伝ってプリンカップいっぱいになる。
⑥ 〈実験したこと・確かになったこと〉を書く。

〈第3時〉 物の体積調べ②

ねらい；石を水の中に入れて石の体積を量る

はじめに、算数で学習した「水のかさ」は水の体積で、単位はmLであることを確認する。
① 小さな石を子どもたちに見せて、「この石に体積はありますか」と聞く。あると答えると思うが、その後、下の課題を出す。

[課題2]
石の体積は、どのようにしてはかったらよいだろうか。

② 〈自分の考え〉を書いてから話し合う。ここでは、前の課題のようにビーカーを斜めにしてその中に石を入れて水をあふれさせて、その水の体積を測る方法と、下の図のように水の入ったメスシリンダーに石を入れて水の上昇分で体積をはかるという2つの方法が出てくればよい。

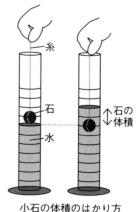

小石の体積のはかり方

③ 〈つけたしの実験〉1mLのプラスチック製の立体を1つずつ水の入ったメスシリンダーの中に入れると、目盛が1mLずつ上がっていくことを確かめる。また時間があれば、1円玉や10円玉などの体積を調べさせる。
④ 〈実験したこと・確かになったこと〉を書く。

〈第4時〉 物の変形と体積①

ねらい；アルミニウムの針金の形を変えても体積は変わらない。

① 100mLのメスシリンダーに95mLまで水をいれ、その水の中に折りたたんで全部入るようにしたアルミニウムの針金（太さ2mmなら長さ127cm）を見せて、水の中に入れ

て体積が4mLであることを確認したあと、アルミの針金をもっと曲げて見せてから、次の課題を出す。

[課題3]
アルミニウムの針金をもっと曲げたら、体積は変わるだろうか。

② 〈自分の考え〉を書いてから話し合う。まず意見分布を聞いて、少数意見から発言させる。
③ 〈友達の意見を聞いて〉をノートに書き、意見変更した子から発言させる。
④ アルミの針金をそっとメスシリンダーの水の中に入れて見せる。すると、目盛は4mL上昇する。形を変えても体積は変わらないことを確認する。
⑤ 〈実験したこと・確かになったこと〉を書く。

〈第5時〉 物の変形と体積②
ねらい；アルミニウムの針金を小さく切っても全体の体積は変わらない。
① アルミニウムの針金4mL分を水の入ったメスシリンダーの中に入れ、水位が4mL上がることを見せてから、次の課題を出す。

[課題4]
4mLのアルミニウムの針金を細かく切ると、全体の体積は変わるだろうか。

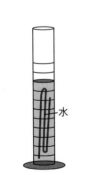
アルミニウムの針金を切らないでそのまま入れると、4mL水位が上がる

アルミニウムの針金を小さく切って入れると、水位はどうなるだろう？

② 〈自分の考え〉を書いてから話し合う。まず意見分布を聞いて、少数意見から発言させる。
③ 〈友達の意見を聞いて〉をノートに書き、意見変更した子から発言させる。
④ 子どもたちが見ている前で、細かく切ったアルミニウムの針金をメスシリンダーに少しずつ入れていく。その際、教材提示装置で、テレビに映し出しながら水面の上昇を見せる。
⑤ 〈実験したこと・確かになったこと〉を書く。

〈第6時〉 小さなものの体積
ねらい；小さなものにも体積がある。
① ホチキスの針1本を見せ、次の課題を出す。

[課題5]
ホチキスの針1本に体積はあるのだろうか。

② 〈自分の考え〉を書いてから話し合う。まず意見分布を聞いて、少数意見から発言させる。
③ 〈友達の意見を聞いて〉をノートに書き、意見変更した子から発言させる。
④ ガラス管に水を入れ、それを粘土にさして、水面のところにビニールテープで印をつけてから、教材提示装置でテレビに映し出す。そして、ホチキスの針を1本ずつ伸ばして入れていく。水位が徐々に上がっていくことを確かめる。
⑤ 〈つけたしの実験〉「ホチキスの針に体積はあることはわかったけれど、ホチキスの針

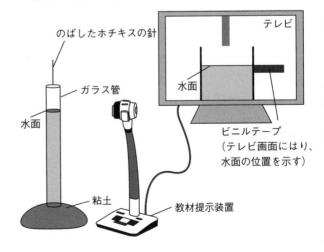

物の体積と空気　35

1本の体積を調べるにはどうしたらよいだろう」と聞き、簡単に意見を言わせたあと、ホチキスの針200本分が約1mLになることを確かめ、1本あたり0.005mLになることを知らせる。

⑥ 〈実験したこと・確かになったこと〉を書く。

空気の学習

1，目標

空気には体積や重さがあり、空気も物である。
1 空気も場所をとる。
2 空気は圧縮性が著しい。
3 空気にも重さがある。
4 空気の圧縮性を利用したおもちゃで遊ぶ

2，指導計画（全8時間）

1 空気も場所をとる。
・空気は水中では泡として見える。
・水中に逆さまに入れたコップに水は入らない。
・空気が入っているフラスコには水は入らない（空気が出ると水が入る）。
2 空気の圧縮性は著しい。
・注射器の中の空気を押すと中の空気の体積は縮めることができる。ただし、押しつぶすことはできない。
・容積が600mLのボンベにそれ以上の空気を押し込むことができる。
3 空気にも重さがある。
・空気に重さがある。
・空気1Lの重さは、約1.2gである。
4 空気の圧縮性を利用したおもちゃで遊ぶ（空気でっぽう、水ロケット）

3，学習の展開

〈第1時〉 空気の存在①

ねらい；空気は水の中に入れると、泡としてみることができる。

① 空気の入った透明なポリ袋を見せて、「この中には何が入っていますか」と聞き、次の質問を出す。

[質問1]
ポリ袋の中に空気が入っていることをどうやって調べたらよいだろうか。

② 子どもたちから出てきた方法を一通り確かめたあと、「水の中に入れると泡になって見える」という方法が出ていなければ、ここで確かめさせる。

③ 実験の後、固体・液体・気体の話をし、具体的にどんなものが当たるのかを確認する。

④ 〈実験したこと・確かになったこと〉を書く。

〈第2時〉 空気の存在②

ねらい；空気の入ったところに水は入らない。

① ハンカチの入ったプラコップを見せ、水の中に逆さまに入れるような動作をしながら、次の課題を出す。

[課題1]
コップの中にハンカチが入っています。このコップを水の中に逆さまにして入れると、中のハンカチはぬれるだろうか。

② 〈自分の考え〉を書いてから話し合う。まず意見分布を聞いて、少数意見から発言させる。

③ 〈友達の意見を聞いて〉をノートに書き、意見変更した子から発言させる。

④ グループ実験をする。ハンカチのかわりに付箋にしてもいい。

⑤ 子どもたちを教卓に集め、「では、中のハンカチを濡らすにはどうしたらいい」と聞き、「コップを斜めにすればいい」などの意見を確かめたあと、コップの底に穴を開け

て、空気が泡となって出て行くとことを見せる。

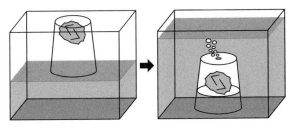

空気が泡となって出て行き、水面が上がっていくことを見せる

⑥ 〈実験したこと・確かになったこと〉を書く。

〈第3時〉 空気の存在から空気の体積へ

ねらい；空気も場所をとり、空気が出れば水も入る。

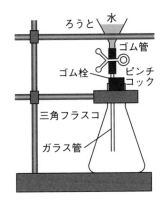

① 子どもたちを教卓に周りに集め、フラスコにロートとガラス管をゴム管で繋いだものを見せ、ゴム栓を外した状態では、ピンチコックを外してガラス管の先からフラスコの中に水が流れることを見せて、実験装置のつくりを説明しておく。その後ゴム栓をしっかりはめ、ピンチコックでゴム管を閉じ、水をロートに満たしてから、次の課題を出す。

[課題2]
図のようにして、フラスコの上のロートに水を入れてピンチコックを開くと、ロートの中の水は全部フラスコに入るだろうか。

② 〈自分の考え〉を書いてから話し合う。まず意見分布を聞いて、少数意見から発言させる。

③ 〈友達の意見を聞いて〉をノートに書き、意見変更した子から発言させる。

④ 討論の中で、フラスコの中の空気の存在に着目させるようにし、空気があると水が入っていけるのかを話し合わせるようにする。

⑤ 子どもたちを教卓の周りに集め、実験する。

⑥ このあと、どうすれば、ロートの中の水が全て入るのかを聞き、フラスコの中の空気を抜けばいいことを引き出す。そして、50mLビーカー1杯分の水を入れると、空気が50mL水上置換で集められることを見せる。

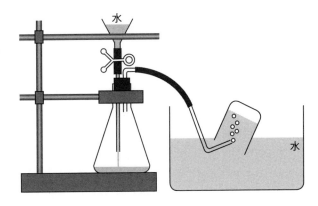

⑦ 〈実験したこと・確かになったこと〉を書く。

〈第4時〉 水と空気の圧縮性

ねらい；空気は押し縮められるけれど、完全には押しつぶすことができない。
水は押し縮められない。

① 2本の浣腸器のそれぞれに、空気と水を30mLずつ入れて、ゴム栓をつけたものを用意する。子どもたちに、空気が入っている浣腸器を見せ、次の課題を出す。

[課題3]
出口をふさいだ注射器に空気が30ml入っています。ピストンを押すと中の空気の体積はどうなるだろうか。

② 〈自分の考え〉を書いてから話し合う。まず意見分布を聞いて、少数意見から発言させる。

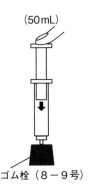

物の体積と空気 37

③ 〈友達の意見を聞いて〉をノートに書き、意見変更した子から発言させる。
④ グループ実験をする。
⑤ 次に、子どもたちを教卓の周りに集め、水が30mL入った浣腸器を見せ、水が縮むかを聞く。そのあとすぐ実験して見せ、空気とは違うことを確認する。
⑥ 〈実験したこと・確かになったこと〉を書く。

〈第5時〉 空気の圧縮性

ねらい；空気は圧縮性が著しい。

① 自転車のタイヤのバルブをつけた気体ボンベを見せて、その構造を説明し、ボンベの中には空気が入っていることを話す。そして、次の課題を出す。

[課題4]（ボンベの作り方は、6年巻のコラムもご参照を）
このボンベは周りと同じように空気が入っています。自転車の空気入れを使って、この中にもっと空気を入れることができるだろうか。

② 〈自分の考え〉を書いてから話し合う。まず意見分布を聞いて、少数意見から発言させる。

③ 〈友達の意見を聞いて〉をノートに書き、意見変更した子から発言させる。

自転車のバルブ

④ ボンベの数が用意できれば、グループ実験でもいい。バルブに空気入れをつないで、空気を入れていく。ボンベを持っていると暖かくなってくることがわかる。

⑤ どれくらい余分に空気が入ったのかを調べる方法として、ペットボトルなどを使って水を満たし、水の張った水槽の上で逆さにして、そこにボンベの空気を水上置換で入れると2〜3Lは空気が入っていたことがわかる。

⑥ 〈実験したこと・確かになったこと〉を書く。

※ ここでは、ボンベの中にたくさんの空気が入ってしまうので、「物の体積」の学習でとらえた認識がいったん否定されることになる。そこで、資料「飛び回る気体分子の話」を読んで、空気には圧縮性があり、押すと縮む性質があり、これは固体や液体とは違う空気（気体）特有の性質であることを説明する。

〈第6時〉 空気の重さ

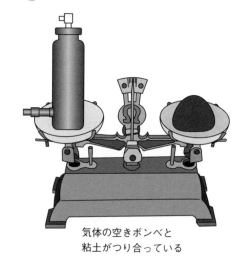
気体の空きボンベと粘土がつり合っている

ねらい；空気にも重さがある。

① 自転車のバルブ付きのボンベを用意し、上皿天秤に載せ粘土と釣り合わせておく。そして次の課題を出す。

[課題5]
上皿天秤の上で、ボンベと粘土が釣り合っています。ボンベに空気を入れたら、ボンベの方は上に上がるか、下がるか、それとも釣り合ったままだろうか。

② 〈自分の考え〉を書いてから話し合う。まず意見分布を聞いて、少数意見から発言させる。

〈みんなの考え〉（意見分布）
ア　上に上がる……○○人
イ　下に下がる………○○人
ウ　つり合ったまま…○○人
エ　見当がつかない…○○人

〈見当がつかない〉という意見の例
・空気に重さがあるのかないのかわからないから、ボンベの方が重くなるのか軽くなるのかわからないからです。

〈上に上がる〉という意見の例
・公園などで風船が上がっているのを見たことがあるから、空気には軽さがあって空気が入ると軽くなるのではないかと思ったからです。

〈下に下がる〉という意見の例
・注射器の中に空気を入れてピストンを押したとき、完全には下に下がらなかったし、水の中では泡になるから、空気も物で重さがあると思うので、ボンベの方が下がると思います。

〈つり合ったまま〉という意見の例
・空気は目に見えないし、手にも重さを感じないから、空気には重さがないと思う。なので、空気を入れてもボンベの重さは変わらないのでつり合ったままだと思います。

③ 〈友達の意見を聞いて〉をノートに書き、意見変更した子から発言させる。

④ 子どもたちを教卓の周りに集め、ボンベの方が上がったら「空気には軽さがあるということ」、ボンベの方が下がったら「空気には重さがあるということ」、つり合ったままなら「空気には重さも軽さもないということ」を確認する。

それから、ボンベに空気を入れ、それを天秤に載せる。

わずかだが、ボンベの方が下がる。「空気に重さがあるということ」を確認する。

その後、ボンベを上皿天秤に載せたままバルブを緩めると、シューッと音を出しながら空気が抜けていき、また粘土と釣り合うようになる。

⑤ 〈実験したこと・確かになったこと〉を書く。
（子どものノートの例）
・ボンベを粘土とつり合わせておいて、空気を入れてからもう一度天秤にのせると、ボンベの方が下がった。ということは、空気が入ったら重くなったのだから、空気にも重さがあることが分かった。そのあと、ボンベのバルブを緩めたら、シューッといって音を立てて入れた空気が出ていった。そして、下がっていたボンベの方が少しずつ上がっていき、音が聞こえなくなると元のようにつり合った状態になった。

〈第7時〉 空気1Lの重さ
ねらい；空気1Lの重さは約1.2gである。

① 空気に重さがあることを確認したあと、次の課題を出す。

[作業課題]
空気1Lの重さを量ろう。

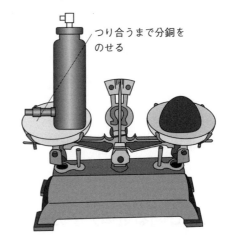
つり合うまで分銅をのせる

空気を詰め込んだボンベと粘土を釣り合わせる。次に、ボンベの中の空気を水上置換で1Lだけ抜き取る。はじめの重さから1L軽くなったボンベを天秤に乗せ、釣り合うまで分銅を乗せ、減った1Lの空気の重さを調べる

② まず、子どもたちを教卓の周り集め、1Lの重さを量る方法を簡単に聞いたあと、実験してみせる。ボンベの数と時間に余裕があれば、グループ実験として子どもたちにも量らせたい。

③ 〈実験したこと・確かになったこと〉を書く。

〈第8時〉 空気でっぽう・水ロケット
・空気のバネのような性質を存分に味わう。

空気の体積と重さを学習する意義

4年生の「空気と水」という単元では、「空気は押し縮められること」が大きなねらいである。それには「空気は一定の場所を取っていること、そして、その空気に力を加えるとその場所の大きさ（体積）が小さくなるということ」

物の体積と空気　39

がとらえられるようにしなければならない。そこで、まず「空気も場所を占めている（体積がある）」ことを学習する必要がある。

また、私たちは空気の中で生活しているので、空気の重さを感じることはない。しかし、ほかの物と同じように、「空気にも体積や重さがある」ことが分かると、空気もほかの液体や固体の物と同じように、"物"としてとらえられるようになる。そして、「物の体積と温度」「氷・水・水蒸気」といった学習の中で、空気も物であることが徐々にとらえられるようになっていく。さらに、そうした学習を積んでいくと、空気も含めて物は目には見えない小さな粒"分子"でできているからだということが、いろいろな現象を説明する上で有効だということが分かっていく。そこで、子どもたちの疑問に答える形で、以下の話を提示したい。

資料「飛び回る気体分子の話」

物は分子といわれるひじょうに小さい粒からできています。この分子の大きさは、およそ1億分の1cmで、顕微鏡でさえ見ることができません。気体の分子と分子の間には、分子自体の大きさに比べるとかなり大きいすき間があります。ボンベにたくさんの空気を押し込むことができたのは、すき間があったからなのです。液体や固体の物がほとんど押し縮められないのは、分子と分子のすき間がずっと小さいので、もうそれ以上すき間を小さくすることができにくいからです。

気体は、分子と分子の間が大きくあいているということで、気体の分子の数は少ないのではないかと考えるかもしれませんが、空気1Lの中にはなんと1兆の3000万倍ぐらいの分子が入っているのです。それでも、分子の大きさから見ればすき間だらけです。そのすき間には何もなく、からっぽなのです。この何もない空間のことを「真空」とよんでいます。空気をビニル袋に入れるとビニル袋はすき間だらけなので

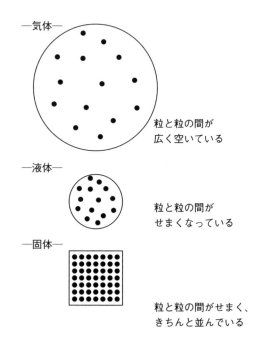

す。それでもビニル袋がしぼまないのはどうしてでしょう。

1億分の1cmというひじょうに小さい分子は1秒間に数百m、つまり時速数百kmという新幹線よりはるかに速いスピードで一直線にいろいろな方向に飛び回っているのです。そんな分子がいっぱい飛び回っているので自分の大きさの1000倍もいかないうちに次々にほかの分子にしょうとつしてしまうのです。1秒間に1億回ぐらいしょうとつし、はねかえってはまた直進しているのです。このような分子がビニル袋の内側にもぶつかっているので、ビニル袋はつぶれないというわけです。

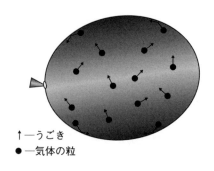

＊参考図書『本質がわかる・やりたくなる理科の授業4年』（高橋 洋 著、子どもの未来社）

もののあたたまり方

兵庫県公立小学校
渡辺 真衣

1. 単元のねらいと具体的内容

　金属、水、空気のあたたまり方について調べることを通して、ものはどのように温度が上がっていくのかを理解する。

[具体的内容]
1．温度の違うものが接していると温度の低いものは温度が高くなり、温度の高いものの温度は低くなり、やがて同じ温度になる。（熱平衡による温度変化）
2．金属はガラスやプラスチックなどより熱が伝わりやすい。（伝導①）
3．金属は熱せられた部分から温度が高くなる。（伝導②）
4．水や空気は加熱された部分の温度が上がり、その部分が移動して全体の温度が高くなる。（対流）

2. 授業計画（全9時間）

1時間目　熱平衡（くっついている水と水の温度）

ねらい：温度の違うものが接していると、温度の低いものの温度は高くなり、温度の高いものの温度は低くなり、やがて同じ温度になる。

[準備するもの]
教師用・各グループ用：
500mLビーカー、100mLビーカー、ストップウォッチ、100℃までの棒温度計（2本）
＊小学校で使用している温度計のほとんどが上部に1/1と書いてあることが多いが、これは、誤差が±1℃程度という意味である。同じ温度の場所に置いていても異なる温度を指す温度計もあるので、水を入れたバケツの中に全部の温度計を入れて温度計の誤差を調べ、同じ目盛りを指す温度計を使うようにする。
○温度について学習することを伝え、温度計の仕組みについて話す。

〈課題1〉70℃の水が入ったビーカーの中に、20℃の水の入ったビーカーを入れておくとそれぞれの水の温度はどうなるだろう。
○自分の考えを書き、話し合う。
○それぞれの考えが出されたら、グループ実験を行う。
　約1分おきに2つの水の温度を調べていくと、2つのビーカーの中の水温がだんだんと近付いていき、やがて同じ温度になることがわかる。

実験したこと・たしかになったこと
（子どものノート例）
　70℃の水の中に、20℃の水の入ったビーカーを入れておくとそれぞれの水の温度はどうなるだろうということを調べた。はじめは70℃だった温度計は少しずつ下がっていき、20℃だった温度計は少しずつ上がっていった。この2つの温度計の温度がだんだん近付いていった。温度の違うものがくっついていると、温度の低いほうの温度は高くなり、温度の高い方の温度は低くなり、やがて同じ温度になることがわかった。

2時間目　熱平衡（くっついている水と空気の温度）

ねらい：温度の異なる水と空気も、くっついていると同じ温度になる。

[準備するもの]
教師用・各グループ用：500mLビーカー、試

験管、試験管に合う穴あきゴム栓、ストップウォッチ、100℃までの棒温度計（2本）

○試験管の中に温度計が入っているものを見せ、試験管の中の空気の温度を測れることを確認し、試験管内の空気の温度を読み取る。

〈課題2〉試験管を90℃の水の中に入れておくと、中の空気の温度は水の温度と同じになるだろうか。

○自分の考えを書き、話し合う。
○それぞれの考えが出されたら、グループ実験を行う。実験装置は棒温度計の液だめが試験管に触れないように注意する。試験管を90℃の水に入れると、試験管の中の空気の温度もどんどん上がっていく。そのままにしておくと、やがて水と空気が同じ温度になることが分かる。

実験したこと・たしかになったこと
（子どものノート例）

　試験管を90℃の水の中に入れておくと、中の空気の温度は水の温度と同じになるだろうかということを調べた。水の中の温度計は20℃から少しずつ下がっていき、空気の中の温度計の目盛りは上がっていった。このまま同じになるかなと思って待っていたら、最後には同じ温度になった。前にやった温度のちがう水の時と同じでびっくりした。水と空気でも、温度のちがうものがくっついていると同じ温度になるということがわかった。

○つけたしの実験：氷の中に塩を入れたものを氷食塩寒剤と呼ぶことを説明し、0℃以下になることを見せる。0℃以下の温度のことをマイナスということを説明し、この氷食塩寒剤の中に空気の入った試験管を入れると試験管の中の空気の温度はどうなるだろうと質問し、教師実験をする。

○試験管の中の空気の温度が－10℃ぐらいまで下がる。数字だけでなく、寒剤にふれることで－10℃の温度を体感できる。温度のちがうものがくっついていると同じ温度になるということは、マイナスの世界でもおこり、空気も水も温度が0℃以下になることがあることが分かる。
○ノートに（つけたしの実験）として実験したこと・たしかになったことを付け加える。

3時間目　伝導

ねらい：金属は金属以外の物に比べるとあたたまりやすい。

[準備するもの]

教師用：300mLビーカー、サーモテープを貼った同じ長さで同じ径の棒（木、ガラス、プラスチック、鉄、銅）、サーモテープ

各グループ用：300mLビーカー、同じ長さで同じ径の棒（木、ガラス、プラスチック、鉄、銅）

〈課題3〉5本の棒（木、ガラス、プラスチック、鉄、銅）を90℃の水に入れると、どれが早く温度が上がるだろう。

○自分の考えを書き、話し合う。
○それぞれの考えが出されたら、グループ実験を行う。ビーカーの縁から2～3cm上のところを手で触って確かめさせる。銅・鉄・ガ

ラスの順で温度が上がることが分かる。
○児童実験のあとで、それぞれの棒にサーモテープを貼ったものを見せる。サーモテープはあたたまると色が変わるものであることを話し、サーモテープの半分をお湯の中に入れると色が変わることを確かめる。サーモテープを貼ったそれぞれの棒を90℃の水に入れると、金属棒の温度の上がり方がはやいことを教師実験で確かめる。
○調理器具には金属をつかっているものが多いが、それは温度が上がりやすいからであり、手で持つ部分はあつくなると困るので、熱くなりにくい木などが使われていることを話す。金属のあたたまりやすい性質や木のあたたまりにくい性質が身近なところにもたくさん使われていることに気付かせたい。

実験したこと・たしかになったこと
(子どものノート例)

　木、ガラス、プラスチック、鉄、銅の5本の棒を90℃の水に入れると、どれが早く温度が上がるだろうという実験をしました。私は、鉄が早く温度が上がると思いました。なぜなら、夏の暑い日に鉄棒を触ると、とても熱くなっていたことがあるからです。実験してみると、銅が一番早くて、次に鉄でした。ガラスが意外と温度が上がらなくてびっくりしました。木やプラスチックはほとんどあつくなりませんでした。金属は温度が上がるのがはやいから、なべやフライパンなどに使われています。でも、持つところはあつくなると危ないので、木などが使われていることがわかりました。

4 時間目　伝導

ねらい：金属は加熱されたところから順に温度が高くなる。

[準備するもの]
教師用・各グループ用：あらかじめ一定間隔でろうを付けておいた金属棒、スタンド、実験用ガスコンロ、ガスボンベ

・まっすぐの長い金属棒に等間隔でろうを付けておく。金属棒の端を加熱すると、加熱したところに近いところから順にろうが溶け、加熱したところに近いところから温度が上がっていくことを確認し、課題を出す。

〈課題4〉金属棒の真ん中を加熱すると、ろうはどのように溶けていくのだろう。

ロウをつけた金属

○自分の考えを書き、話し合う。
○それぞれの考えが出されたら、グループ実験を行う。加熱されたところから順に外側へと温度が高くなり、ろうがとけていくことがわかる。
※5・6時間目にもろうを使って実験をするので、今回はろうを用いた。しかし、ろうを付けていくには事前に準備が必要である。ろうの代わりにワセリンを使うとその場で金属棒につけていくことができるので、とても早く実験できるが、ワセリンを知らない児童も多いので、説明が必要である。

実験したこと・たしかになったこと
(子どものノート例)

　金属棒の真ん中を加熱すると、ろうはどのように溶けていくのだろうということを調べました。私は、右も左も同じようなはやさでろうが溶けていくと思いました。班で実験してみると、中心から左右へと同じようにろうが溶けていきました。

もののあたたまり方　43

予想が当たりました。このことから、金属は加熱されたところから順に温度が高くなることがわかりました。
○つけたしの実験；金属棒を傾け、中心を加熱するとろうはどのようにとけていくだろうと質問し、実験する。傾けていても水平の場合と同じように加熱部から外側へと順に熱が伝わっていくことが分かる。（教師実験）

※火のあたり方によって左右のろうの溶け方に差が出てしまうことがあるので注意が必要。

5時間目　伝導

ねらい：金属は加熱されたところから広がるように順に温度が高くなる。

[準備するもの]

教師用：サーモテープ（またはサーモシート）を貼った正方形の金属板、ろうそく、スタンド、実験用ガスコンロ、ガスボンベ

各グループ用：正方形の金属板、ろうそく、スタンド、実験用ガスコンロ、ガスボンベ

〈課題5〉　正方形の金属板のはしを加熱すると、ろうはどのような順でとけていくだろう。

○自分の考えを書き、話し合う。
○それぞれの考えが出されたら、グループ実験を行う。自分たちで金属板にろうを塗り、実験用ガスコンロで金属板の端を加熱する。加熱したところから熱が伝わっていき、ろうが溶けていくことがわかる。

※火が強いとろうが燃え、煙が出てくることがあるので注意が必要。
○児童実験のあとで、サーモテープ（サーモシート）を貼った正方形の金属板の端を加熱し、温度の変化を教師実験で確認する。加熱されたところから順に同心円上に温度が高くなることがわかる。

※サーモテープ（サーモシート）が焦げやすく、焦げたところが取れなくなるので注意が必要。

実験したこと・たしかになったこと
（子どものノート例）

　正方形の金属板のはしを加熱すると、ろうはどのような順でとけていくのだろうという実験をしました。私は、加熱したところから順に池に水滴が落ちた時のように熱が伝わってろうがとけていくと考えました。実験してみると、本当にろうが円の形で順にとけていきました。金属板に熱を加えると、その場所から順に広がるように熱が伝わることがたしかになりました。

6時間目　伝導

ねらい：金属は加熱されたところから徐々に温度が高くなる。

[準備するもの]

教師用：サーモテープ（サーモシート）を貼ったコの字型の金属板、ろうそく、スタンド、実験用ガスコンロ、ガスボンベ

各グループ用：コの字型金属板、ろうそく、スタンド、実験用ガスコンロ、ガスボンベ

〈課題6〉　ロウをぬってあるコの字型の銅版の端をガスバーナーで加熱すると、AとBのどちらのろうが先にとけるだろう。

 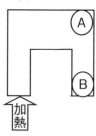

○自分の考えを書き、話し合う。
○それぞれの考えが出されたら、グループ実験

を行う。前時と同じように金属板にろうを塗り、金属板の端を加熱する。加熱したところに近いところからロウがとけていき、A、Bの順で温度が上がることがわかる。
○児童実験のあとで、サーモテープ（サーモシート）を貼った正方形の金属板は端を加熱し、温度の変化を教師実験で確認する。加熱されたところから順に同心円上に温度が高くなることが分かる。

実験したこと・たしかになったこと
（子どものノート例）

コの字型の金属板のはしを加熱すると、AとBのどちらのろうが先にとけるだろうという実験をしました。わたしは、Bの方が加熱するところから近いので、Bの方のろうが先にとけると思いました。でも、実験してみると、Aの方のろうが先にとけました。びっくりしました。コの字を一本にしてみるとBよりAの方が加熱したところから近いということに気がつきました。熱を加えると、その場所からどんどん熱が伝わっていき、順に温度が上がるということがたしかになりました。

7・8時間目　水の対流（詳しくは46ページの授業展開へ）

ねらい：水を加熱すると温度が高くなった水が上に移動し、水全体の温度が上がる。

[準備するもの]
教師用：500mLビーカー、サーモインク、実験用ガスコンロ、ガスボンベ、金網、味噌、スタンド、試験管、サーモテープを貼ったガラス棒
各グループ用：500mLビーカー、サーモインク、実験用ガスコンロ、ガスボンベ、金網、味噌、スタンド、試験管、サーモテープを貼ったガラス棒
〈課題7〉水が入っているビーカーの端（×）をあたためると、あたためた場所から遠いAと近いBでは、どちらの水の温度が先に高くなるだろう。

9時間目　空気の対流

ねらい：空気も対流をしながら全体の温度が上がる。

[準備するもの]
教師用・各グループ用：側面に穴をあけたハードクリアファイル、線香、マッチ、燃えがら入れ

※熱した太い釘を押し付けるとクリアファイルに簡単に穴をあけられる。そこに黒い紙を貼って、煙の動きを見えやすくしておくとよい。

〈課題8〉空気の入っているクリアファイルの一か所から火をつけた線香を入れ、ファイルの中の空気をあたためる。あたためられた空気は水のように対流するだろうか。

○自分の考えを書き、話し合う。

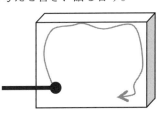

○それぞれの考えが出されたら、グループ実験を行う。ハードクリアファイルの中に集めた空気を、火をつけた線香であたためていくと、線香の煙が上に上がっていき、反対側の壁で下りていき、空気も水と同じように対流することがわかる。

実験したこと・たしかになったこと
（子どものノート例）

空気も水と同じように対流するか調べた。クリアファイルに下から線香のけむりを入れると、けむりは上へと上がり、反対側で下りてきて、また線香のところで上がっていった。水と同じようなあたたまり方だった。空気も対流しながらあたたまっていくことがわかった。

○つけたしの実験①；バケツにアルコールランプを入れ、空気を入れたビニル袋をかぶせて、空気をあたためる。しばらくすると、あたたまった空気が軽くなり、天井の方へと上がっていく。あたためられた空気は上へと上がっていくことがわかる。（教師実験）

○つけたしの実験②；あらかじめ、教室の高いところと低いところの壁に温度計を用意しておく。その温度計の温度を確かめると、上の温度が高いことが分かる。

○ノートに（つけたしの実験）として実験したこと・たしかになったことを付け加える。

3．授業展開

7・8時間目　水の対流

1．500mLビーカーに一番上の目盛りぐらいまで水を入れ、温度計（球部は×付近）を入れたものを用意して、ビーカーの底の端（×印の下）を加熱すると、×印付近の水温が高くなることを見せる。これは、加熱された部分のガラスが熱くなり、ガラスが熱くなるとガラスに接している水の温度が上がるからだと確認する。

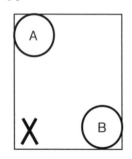

2．黒板に上の図を書き、課題を出す。

〈課題7〉水が入っているビーカーの端（×）をあたためると、あたためた場所から遠いAと近いBでは、どちらの水の温度が先に高くなるだろう。

3．課題に対する質問があるかを聞き、（自分の考え）をノートに書かせる。

4．どのような意見がそれぞれ何人ずついるか挙手させて調べ、人数を板書する。

・Aの方が先に温度が上がる。　…（　）人
・Bの方が先に温度が上がる。　…（　）人
・ほとんど同じ　　　　　　　　…（　）人
・見当がつかない。　　　　　　…（　）人

5．理由を発表させる。

・AよりBのほうが近いから、Bのほうが早く温度が上がると思う。

・金属をあたためたとき、近いところから順にあたたまったから、加熱するところに近いBの方が早く温度が高くなると思う。

・お風呂のお湯を沸かした時、上の方だけ熱くてびっくりしたことがあるからAの方が先に温度が上がると思う。

6．（友達の意見を聞いて）に、友達の意見を聞いて考えたことや意見を変えることなどを書き、もう一度、それぞれ意見の人数を挙手させて調べる。意見の変更があった子には、理由も発表させるようにする。

7．グループ実験をする。

・はじめに、水道水にサーモインクを注ぎ、その色を確認する。次に、60℃ぐらいの水にサーモインクを注ぐと色が変わることを見せ、サーモインクは温度が高くなると色が変わることを話す。

・グループごとに実験の準備をし、実験用ガスコンロで端（×）を加熱する。

・AとBの部分の色の変化を見ると、加熱箇所に遠いAの方が近いBよりも色の変化が早く、温度が上がるのが早いことがわかる。

・中の水をよく観察させ、温度が上がって色の変わった水がゆらゆらと上がっていくこ

とに気付かせたい。

※今回はサーモインクを使って実験を行った。サーモインクを使うと温度の違いを色で比べることができるため、上から順に温度が上がっていくことが分かりやすい。また、温度が上がった水がゆらゆらと上がっていく様子も見ることができる。味噌やタバスコを使うと対流していることが分かりやすいが、温度が高くなった水が下がってきているのではないことを確認するために、段階を追って、①温度が高くなった水が上の方へと動くこと、②押しのけられた温度の低い水が下へと動くこと、③その動きが繰り返されて全体の温度が高くなっていくことを捉えられるようにした。

8.（実験したこと・たしかになったこと）を書く。

(子どものノート例)

今日は、水の入っているビーカーの端をあたためると、あたためた場所から遠いAと近いBでは、どちらの水の温度が先に高くなるだろうということを調べました。私は、金属と同じように近いところからあたたまると思ったので、Bの方が先に温度が上がってサーモインクの色が変わると思いました。しかし、実験してみると、はじめは紫色だったサーモインクが上の方からだんだんピンク色に変わりました。Aの方がBよりも早く色が変わって、Bはなかなか色が変わりませんでした。Aの方が遠いのに、先に温度が上がることにビックリしました。よく水の中を見てみると、薄いピンク色の水がゆらゆらと上の方に動いていくのが見えました。温度が上がった水が上へと上がっていくのがわかりました。水は、水はあたためられたところから順にあたたまるのではなく、温度が高くなった水が上に上がっていって、上から順にあたたまっていくことがわかりました。

9. つけたしの実験①：あたためられた水がどのように移動していくのかを調べるために味噌やタバスコ、おろし大根を使って、対流実験を行う。ビーカーの端を加熱すると温度が高くなった水が上に動き、温度の低い水が下に動き、水が対流する様子を観察する。

10. つけたしの実験②：サーモテープをガラス棒に貼ったものを水を入れた試験管の中に入れ、底の方を加熱するとどこからあたたまっていくかを教師実験で調べる。

・上の方からサーモシートの色が変わり、水は上の方から順に温度が上がることを確かめることができる。

※水の量が少ないので、サーモシートの色が変わり始めたと思うとあっという間に全体の色が変化してしまい、結果が分かりにくいこともある。着目するところをしっかり伝えるとともに、実験の様子を動画に撮ってスロー再生で確認するなどの工夫が必要である。

11.（つけたしの実験）に実験したこと、確かになったことを付け加える。

4. このプランの考え方

高温のものと低温のものが触れ合っていると高温のものの温度が下がり、低温のものの温度が上がり、やがて同じ温度になります（温度平衡）。この学習をもとに、温度の高い炎や湯にくっついている部分からだんだん温度が上がっていくという伝導の学習へとつなげていきたいと思います。伝導の学習では、金属を例にして扱うので、金属は温度が上がりやすいことを取り上げます。水の対流も、水が入っているビーカーの底を加熱するとまずビーカーの加熱された部分の温度が上がり、その部分の水の温度も上がります。その結果、水の体積が大きく（密度が小さく）なって、水が上に上がっていきます。これが対流です。液体や気体は対流しながら全体の温度が上がっていくことを実験をもと

に考えさせていきたいです。

この「もののあたたまり方」の後に、「温度と体積」「ものの温度と三つのすがた」の学習があります。それらも温度に着目させながら学習するので、温度計を使用します。温度計は、球部（液だめ）が触れているものの温度を示しているという共通認識ももたせておきたいと思います。

私自身の生活を見てみても、ガスコンロではなく電子レンジや電磁調理器を使って料理をしていたり、祖母の家にあった五右衛門風呂も取り壊され、スイッチひとつでお風呂が沸かせるようになったりと、生活の中で火を扱うことがとても減ってきています。私でさえそうなのですから、子どもたちが生活で火を扱う経験はとても少なくなってきていると思います。しかし、この「ものをあたためる」ということは、身近な生活とつながっており、学んだことを生活に生かしていくことができる単元です。天気のいい日には鉄棒がとても熱くなっていること、お風呂の中では追い炊きした時に上の方が下の方よりもあたたかくなっていること、暖房をつけた時に足元よりも顔あたりの方があたたかくなっていることなどを経験的に気付いている子

どももいます。それらの経験を生かしながら、ものの温度が上がる仕組みについて実験を通して正しく認識させていきたいと考えています。そして、生活の中で火や熱を正しく扱えるようになって欲しいです。

［参考文献］
・『本質がわかる・やりたくなる理科の授業　4年』高橋 洋 著、子どもの未来社
・『実験・観察でつくる62の授業　小学3～6年』佐久間 徹 著、フォーラムA
・『全授業の板書例と展開がわかるDVDからすぐ使える映像で見せられる　まるごと授業理科4年』園部 勝章・平田 庄三郎・松下 保夫・中村 幸成 編集、喜楽研
・2013年科教協東京支部秋の研究集会レポート「もののあたたまりかた」高橋 洋
・2015年科教協全国大会大阪大会レポート「4年理科　物のあたたまりかた」生田 国一
・2015年5月「仲間たちNo 241」「アルコール温度計の話」浦辺 悦夫
・「もののあたたまり方の実験を分かりやすく手軽に見せる方法」丸山 哲也

コラム
熱伝導、対流、輻射、物の温度

　4年生で学習する「もののあたたまり方」の単元では、物を加熱することによって物の温度が上がることを学習します。高温の熱源が低温の物の温度を高くしているので、熱伝導といいます。これは日常生活でも経験することなのでわかりやすい現象です。

　水（液体）や空気（気体）の対流という現象が起こることも教えるようになっています。対流は液体（または気体）のある部分が温められ、その部分の温度が高くなると膨張して密度が小さくなるため上昇する現象です。これを見てもわかるように、対流現象を理解するには、「膨張」「密度」という概念の理解が必要になります。「密度」についても「密度の違いで浮き沈みが起きる」ことも学習していない小学生には、水や空気の温度が上がると対流が起きるという事実を見ることしかできないのです。

　もう1つ、輻射（放射）によって物の温度は上がります。地球と太陽の間は真空なのに、太陽光によって地球は温められています。これは、熱伝導でも対流でもありません。輻射は物から出ている電磁波によるので、小学校の学習内容には含まれていません。

　もののあたたまり方は、物の温度に関わる学習です。物の温度とは、熱い冷たいの度合いを数量的に表したもので、温度計のメモリで物の温度を知ることができます。ですから、物の温度はいつも「○○の温度」というように、対象である物をはっきりさせて表現しなければならないのです。気温は空気の温度、プールの水温はプールの水の温度というわけです。　　　　（高橋 洋）

物の温度と体積

東京・江戸川区立東小松川小学校
児玉 久美子

1．目標

物は温度が高くなると体積が大きくなり、温度が低くなると体積が小さくなる。

2．指導計画【全8時間】

1．気体（空気）の温度と体積
・気体の空気は、温度が低くなると体積が小さくなる
・気体の空気は、温度が高くなると体積が大きくなる
・空気はわずかな温度の変化でも体積が変わる

2．液体の温度と体積
・液体の水は、温度が高くなると体積が大きくなる
・液体の水は、温度が低くなると体積が小さくなる
・液体のアルコールは、温度が高くなると体積が大きくなり、温度が低くなると体積が小さくなる

3．気体と液体の体積変化
4．固体の金属の体積変化

3．授業展開

第1時　気体（空気）の温度と体積①

〈ねらい〉　気体の空気は温度が低くなると、体積が小さくなる。

＊温度を上げることからやると、空気の膨張ととらえないで、温まった空気が上にいくと考えてしまうので、温度を下げることから学習する。

〈準備〉
50mL注射器（または浣腸器）の先にゴム管を付けた物、ピンチコック、500mLビーカー　氷（500mLビーカーに入る分）、食塩（氷の3ぶんの1程度）、温度計（－20℃まで計れるもの）　・全てグループ数＋1セット教師分

＊氷に食塩をいれ、よく混ぜると－20℃くらいまで低温の寒剤になる。大きな器に氷を入れ、割りばしやお玉で塩を混ぜておくとよい。

〈展開〉
（子どもたちを教卓の前に集めて注射器の説明をする）

先生：この注射器はピストンが動くようになっていて、ゴム管に付けたピンチコックを閉じると、空気が出たり入ったりしません。今、注射器には空気が40mL入っていて、ピンチコックが閉じています。
（氷食塩寒剤の温度を温度計で計りながら）
これは氷食塩寒剤です。今の温度は、－15℃です。注射器を氷食塩寒剤のなかにいれたら、中の空気の温度はどうなりますか。

子どもたち：下がる。

先生：そうですね。中の空気の温度が下がったとき、注射器のピストンは上がるか、下がるか、動かないか。これが今日の課題です。

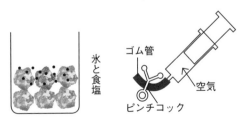

【課題1】　気体の空気40mLを入れた注射器を冷やして、空気の温度が下がると、ピストンは上がるか、下がるか、そのままだろうか。

先生：質問はありますか。では、課題を書いて自分の考えを書きましょう。

○〈自分の考え〉をノートに書く。

時間を7分程度確保し、教師は子どものノートを見て、子どもたちがどのような考えを持っているか把握する。

まよっている、見当がつかないという意見も認める。まよっている子が本質的な考えを持っていることも多いので「まよっている人は、何をまよっているのか書いてみよう」と投げかける。

○意見分布をとる。

子どもに挙手をさせ、どの意見が何人か数えて板書する。

　　　　　　　　　　　　　　　　はじめ
まよっている　　　　　　　　　　（0）人
ピストンは上がる　　　　　　　　（1）人
ピストンは下がる　　　　　　　　（20）人
ピストンは動かない　　　　　　　（9）人

○そう考えた理由を発表する。

はじめに「まよっている・見当がつかない」意見、次に少人数意見、最後に多数の意見から発言させる。「まよっている」意見には本質的な部分で悩んでいる意見があるし、少数から発言させないと、心細くて発言できないからである。

k：ピストンは上がると思います。ドライアイスを密閉容器に入れると・・・。

先生：経験があるのですね。では、動かないという9人で意見を。

y：そのままだと思います。空気が冷やされても空気の力は持続するから。

先生：ピストンは下がるという人。

y：空気は温めると膨張し、冷やすと体積が縮むから。空気を冷やすと体積が小さくなってピストンは下がると思います。

s：空気は冷やされると縮むとテレビなどで知ったから。

h：下がる。水鉄砲のピストンを水に入れたら空気の体積が縮んだから。

○〈人の意見を聞いて〉を書く。

5分程度時間をとって、書かせる。「○○さんの□□という考えに賛成で、」などと、発言者や発言内容を具体的に書かせる。意見を変更した場合も、誰のどんな意見に納得したのかを書くように促す。早く書き終わった子どもには、ノートを読ませ、書けずに困っている子への手助けとする。時間がきたら、どこからどこへ意見を変えたか確認し、それぞれの分布を明らかにする。

　　　　　　　　　　　はじめ　　　　　後で
まよっている　　　　（0）人　…　（0）人
ピストンは上がる　　（1）人　…　（1）人
ピストンは下がる　　（20）人　…　（25）人
ピストンは動かない　（9）人　…　（4）人

意見の変更があったら、どの意見からどこへ何人移ったのか分かるようにする。

○グループで実験をする。

・ゴム管を付けてピンチコックで止めた注射器（50mL用、空気を40mL入れてある）をビーカー（500mL）に入れ、氷食塩寒剤を入れる。ビーカーに棒温度計（−20℃まで）を入れ、温度を確かめる。

注射器を入れて氷食塩寒剤を入れる

ピンチコック

⇒ピストンが入っていく。空気の体積が小さくなったことを確認する。

○〈実験したこと・確かになったこと〉をノートに書く。

実験したことでは、実験したことをやった通り順序良く書かせる。結果も具体的に数値などを使って書かせる。

確かになったことでは、結果からどのようなことが分かったのかを文で書かせる。

早く書き終わった子どもにはノートを読ませ、書けずに困っている子への手助けとする。

〈子どものノート〉

k：ビーカーに氷食塩寒剤を入れた中にピンチコックでとめた注射器を入れる。はじめの温度は20℃で体積は40ミリリットル。冷やしていたら、−15℃で32ミリリットルになって空気の体積が小さくなった。
次は温度を温かくしてみたい。

y：冷やしたら、ピストンが下がった。それらは空気の性質だということが分かった。
今度は熱くしたりピンチコックを使わずにやってみたい。−10℃以下にまでなった。注射器も−10℃以下になる。40ミリリットルが32ミリリットルにまでなった。
空気を冷やしたら体積が縮んだ。

第2時 気体（空気）の温度と体積②

〈ねらい〉
　気体の空気は温度が高くなると、体積が大きくなる。

〈準備〉　第1時で使った、50mL注射器（または浣腸器）の先にゴム管を付けた物、ピンチコック、500mLビーカー、熱湯（90℃程度）温度計（−105℃まで計れるもの）

・熱湯を使用するため教師実験とするので全て1セット用意する。グループ実験とする場合は、安全に注意する。

〈展開〉
　前回と同じように、空気を40mL入れてピンチコックでゴム管部分を閉じた浣腸器を見せ、やかんの沸騰している湯の温度を計りながら課題を出す。

先生：ここに、気体の空気が40mL入っている注射器があります。部屋の温度が20℃なので、中の空気の温度も20℃くらいです。この注射器を90℃の水の中に入れます。すると、中の空気の温度は？

子どもたち：高くなる。

先生：そうですね。中の空気の温度は高くなります。この中の空気の温度が高くなると、ピストンはどうなるだろう。ピストンは出てくるか、入っていくか、動かないかどれかですね。

【課題2】注射器の中に入っている気体の空気（40mL）の温度が上がると、ピストンは出てくるだろうか、入っていくだろうか、そのままだろうか。

○〈自分の考え〉をノートに書く。
　教師は机間指導をし、子どもたちの意見を把握する。課題1から理由を書く子が多い。

○意見分布をとる。
・ピストンは出てくる　　　　　　　（33）人
・ピストンは下がる　　　　　　　　（0）人
・そのまま　　　　　　　　　　　　（1）人

○理由を発表する。

a：ピストンは出てくると思う。この前の実験で冷たい水に注射器を入れたら入っていったので、今度は熱いお湯なので出てくると思う。

s：出てくると思います。前の実験では、空気が冷やされると縮むことが分かったから、温められると反対だと思う。

○教師実験をする。
（子どもたちを前に集めるか、テレビ画面に映す）
ビーカー（500mL）に沸騰している湯を入れ、40mLの空気を入れて止めた注射器を入れる。ビーカーに棒温度計（105℃まで）を入れ、温度を確かめる。

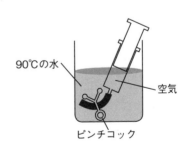

⇒ピストンが押し出される。50mL近くまで押し出されるようだったら、湯から引き上げる。すると今度はピストンが引き込まれていく。繰り返し行う。

＊温められた空気が上に行ったという考えがあったら、注射器を横にしておいて、湯をかけ、ピストンの動きを見せる。

子どもたち：お〜、出てきた。

物の温度と体積　51

○〈実験したこと・確かになったこと〉をノートに書き、数人発表する。
n：やはり、空気は温度が上がると体積は大きくなり押し出された。
y：空気の温度を温めると、空気の性質でピストンが出てきた。40ミリリットルが50ミリリットルになった。体積が広がった。前の実験と結果が逆になった。

《つけたしのグループ実験》
〈準備〉
試験管（一人１本ずつ）、500mLビーカー・温度計（グループ数か、二人に１つ）、50℃～60℃程度のお湯、液体石鹸
①試験管に石鹸水の膜を張り、50～60℃のお湯に入れる。
②次に、氷水に入れる。
⇒膜がふくらんだり、へこんだりする。
○〈実験したこと・確かになったこと〉をノートに書き、数人発表する。

第３時 空気のわずかな温度変化での体積変化

〈ねらい〉気体の空気はわずかな温度の変化でも体積が変わる。
〈準備〉
丸底フラスコにガラス管を付けたもの、500mLビーカー、ぬれ雑巾（全てグループ数）
〈展開〉
　丸底フラスコにガラス管を付けたものを見せ、ビーカーに水を入れたものも用意する。
先生：このフラスコの中には何が入っていますか？
子どもたち：空気です。
先生：部屋の温度が20℃なので、中の空気も20℃くらいです。このフラスコを手で温めると（フラスコを手で包むようにし）ガラス管の先から空気が出てくるでしょうか。
子ども：先生の手は、何度ですか。
先生：36℃くらいです。
【課題３】フラスコを手で温めたら、ガラス管の先から空気が出てくるだろうか。
○〈自分の考え〉をノートに書く。
○意見分布をとる。
・出てくる・・・多数
・出てこない・・少数
○理由を発表する。
h：出てこない。温かい空気は軽いから、フラスコの上の方に空気があると思う。
（課題の意味が分かっていない場合は、教師がもう一度確認する）
先生：このフラスコには栓がしてあって、逃げ場はガラス管だけです。もし、体積が増えたらガラス管から出てきます。
n：出てこない。前の実験では、90℃や手より温かいものだったから。
k：出てくると思う。理由は、90℃は出てきて、36℃くらいはギリ出てくると思う。
○グループで実験をする。
①水を入れたビーカー（500mL）に丸底フラスコにガラス管を付けた器具のガラス管の先を入れる。
②フラスコは手で包むように持ち、温める。
⇒ガラス管の先からあわが出てくる。
子どもたち：あっ、出てきた。

どんどん出てる。すごい。
n：先生の手は、とっても熱いんじゃない。
先生：熱はありませんが、握手しましょうか。
（握手する）
n：あっ、ぼくの方があったかい。
③ガラス管の先を水に入れながら、フラスコを雑巾で冷やすとどうなるかやってみる。

⇒空気の体積が小さくなり、水がフラスコの中に入ってくる。

○〈実験したこと・確かになったこと〉をノートに書き、数人発表する。

i：予想通りだった。先生の手でも空気は出てきた。雑巾で冷やすと、エレベーターのように水が上に上がっていった。ということは、少しでもあたためると空気の体積が増えて、少しでも冷たくすると体積が縮む。

y：手で温めても空気が膨張して出てきた。逆に濡らした雑巾で冷たくすると、空気の体積がへった。水をすった。先生の手で温めたら空気の体積が増えた。N君の手でやっても空気の体積が増えた。

第4時　液体の水の温度と体積①

〈ねらい〉液体の水も、温度が高くなると体積が大きくなる。

〈準備〉

＊教師用　浣腸器か注射器50mL（1個）、ピンチコック（1個）、500mLビーカー（1個）、ゴム管（1個）、水（一度沸騰させて空気を追い出し、冷ましたもの）、熱湯

＊グループ数　ガラス管付きフラスコ、一度沸騰させて空気を追い出し、冷ました水

この実験では、一度沸騰させて冷ました水を使う。そうしないと、注射器やフラスコを温めたときに、水の中に溶けていた空気が出てくるため、子どもが混乱するからである。

この課題は、空気のときと同じように注射器を使って課題を出すが、水の体積変化は空気に比べてごくわずかなため、わかりにくい。そこで、課題3のガラス管付きフラスコを使って水の膨張を調べることにする。

〈展開〉

先生：（水の入った注射器を見せながら）今日は、この注射器の中に40mLの水が入っています。この注射器を90℃の水の中に入れたら、ピストンは出てくるでしょうか、入っていくでしょうか、それともそのままでしょうか。

【課題4】注射器の中の水（40mL）の温度が上がると、ピストンはどうなるだろう。

○〈自分の考え〉をノートに書く。

○意見分布をとる。

・出てくる・・・26人
・変わらない・・・5人

○理由を発表する。

i：変わらない。理由は、前に空気でっぽうの時、空気は（玉が）出るけど水は出なかったから。

k：出てくると思います。理由は、課題3の実験で空気を温めたら上がったから、水でも上がると思います。

n：出てくると思います。前の実験で温度が上がると、ピストンが出てきたから中の水の温度が上がると、体積が増えてピストンが出てくる。

○〈友達の意見を聞いて〉を書く。数人発表する。

○教師実験をする。

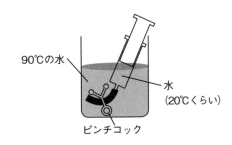

教卓の前に集めるか、テレビ画面に映して確認する。

⇒この実験では実験結果がはっきりしない。（後から水の温度が上がり、変化が見えるようになるので、そのまま入れておく）

子どもたち：変わらない。

C：ちょっと動いたんじゃない。

C：えっ、変わらないよ。

先生：注射器ではよくわからないので、もっと少しの温度でも変化した道具を使いましょう。心当たりはないかな。

m：あっ、丸底フラスコを使えば。

みんな：そうか、あれか。

物の温度と体積　53

先生：そうです、前回使った、空気を手で温めた道具を使いましょう。

○グループ実験

①前時に使ったガラス管付きフラスコに水を入れ、水位に印をつける。（マジックでガラス管に直接印をつけると簡単）

②水を入れたフラスコを、90℃の水に入れる。
　⇒ガラス管の水位は上がる。

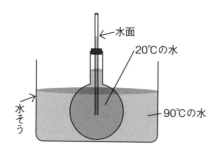

（フラスコの膨張で一瞬水位が下がるが、水の温度が上がると、水位は上昇する）

板書

ぼうちょう・・・物の温度が高くなって体積が大きくなること

○〈実験したこと・確かになったこと〉をノートに書き、数人発表する。

f：出てきた。最初は注射器でやったら、変化は少しだったからフラスコでやったら、変化がすごくあって、出てきたことがよく分かった。やはり、温めるとぼうちょうした。液体より気体の方がぼうちょうする。

s：空気と同じように水もぼうちょうして出てきた。液体より気体の方がしゅうしゅくやぼうちょうしやすい。最初、注射器でやったが変化が少しだったけど、丸底フラスコでやったらぼうちょうがはっきりわかった。固体でもやってみたい。

y：水を温めてもぼうちょうしてピストンが出てきた。気体はけっこう体積が大きくなるが、液体はわずかだった。今度は固体の物でやりたい。今度は、液体を冷たくしてやりたい。

第5時　液体の水の温度と体積②

〈ねらい〉　液体の水は、温度が低くなると体積が小さくなる。

〈準備〉

＊グループ数ガラス管付きフラスコ、水槽、温度計（105℃まで計れるもの）

〈展開〉

【課題5】水が入ったガラス管付きフラスコを、氷水の中に入れると、ガラス管の水面はどうなるだろう。

○〈自分の考え〉をノートに書く。

・下がる・・・・33人
・変わらない・・・1人

○理由を発表する。

m：変わらないと思います。理由は、体積が押し縮められないからです。

s：前の実験で水を温めたら水の体積がぼうちょうして水が出てきたから、冷やしたら水の体積がしゅうしゅくして水面が下がると思う。

○グループ実験をする。⇒水位が下がる。

板書

しゅうしゅく・・・物の温度が低くなって体積が小さくなること

○〈実験したこと・確かになったこと〉を書く。数人発表する。

k：水が入ったフラスコの水面に赤いテープをはって、氷水にひたしたら、2cmくらい水面が下がった。水が収縮した。体積が縮まった。それを75℃のお湯に入れたら、水面が上がって、ガラス管から一滴だけ出てきた。

第6時　液体の温度と体積③

〈ねらい〉　液体のアルコールも温度が変わると体積が変わる。

〈準備〉

＊グループ数　長いガラス管付き試験管、エタノール、温度計、氷、湯（50℃）、500mLビーカー（グループ数×2）

〈展開〉
　ガラス管の付いている試験管にエタノールを入れ、ガラス管内のエタノール面に印を付けたものを見せる。

先生：液体のアルコールが入っている試験管を氷水に入れると、アルコール面は上がるか、下がるか、動かいか。アルコール面なんて普通言いませんが、水だと水面というので、アルコール面と言うことにします。

【課題6】液体のアルコールを氷水の中に入れると、アルコールは上がるか、下がるか、そのままだろうか。

○**グループ実験**
　湯と氷水に交互に付け、アルコール面が上がったり下がったりすることをグループ実験で確認する。（T：温度計の話をする）

○〈実験したこと・確かになったこと〉をノートに書き、**数人発表する**。

第7時　気体と液体の体積変化のちがい

〈ねらい〉気体は液体に比べて温度による体積変化が大きい。

〈準備〉
＊教師用　ガラス管付きフラスコ（2個）、水槽（1個）、熱湯（90℃）

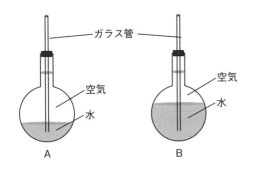

〈展開〉
先生：（2つの実験装置を見せ）この実験装置の下には、水があります。このフラスコに90℃の水をかけたら、出口はこのガラス管しかないので、ここから水が出てきます。空気がいっぱい入っているAと、空気が少ないBでは、どちらが勢いよく水が出るでしょう。質問はありますか。

【課題7】ガラス管の付いたフラスコに90℃の水をかけると、空気の多い方と少ない方では、どちらの方が水が勢いよく出るだろう。

○〈自分の考え〉をノートに書く。
○意見分布をとる。
○そう考えた理由を発表し（少数意見から）、質問や意見を言い討論する。
○〈人の意見を聞いて〉を書き、数人発表する。
　（再度意見分布をとる）
○教師実験⇒空気が多い方から勢いよく水が出る。
○〈実験したこと・確かになったこと〉をノートに書き、**数人発表する**。

○**グループ実験**
　ペットボトルや缶に穴をあけて3分の2くらい水を入れ、お湯をかける。中の空気が膨張し、穴から水が勢いよく飛び出す。

第8時　金属の温度と体積

〈ねらい〉個体の金属も温度が変わると体積が変わる。

〈準備〉
＊グループ数　金属膨張実験器　実験用ガスコンロ、水槽と水
＊教師用　金属膨張実験器　実験用ガスコンロ、水槽と水、上皿台ばかり

〈展開〉
先生：（金属膨張実験器で金属球が輪を通り抜けることを見せる）この金属球は中まですべて金属でできている金属のかたまりです。今金属球は輪を通っています。この金属球をコンロで熱すると輪を通り抜けるでしょうか。

【課題8】個体の金属の輪をすれすれに通り抜ける金属球がある。この金属球を熱すると輪を通り抜けるだろうか。

○〈自分の考え〉をノートに書く。
○意見分布をとり、**板書する**。
○そう考えた理由を発表し（少数意見から）、質問や意見を言い討論する。

物の温度と体積　55

○〈人の意見を聞いて〉を書き、数人発表する。
（Ｔ：再度意見分布をとる）

○グループ実験⇒金属球が膨張し、輪を通らなくなる。
○〈実験したこと・確かになったこと〉をノートに書く。
 ｓ：最初に金属の球を輪の中に入れたら通った。温めたら温度が上がってぼうちょうして輪を通らなかった。気体が一番膨張や収縮しやすく、二番目に液体が膨張や収縮しやすく、三番目に固体が膨張や収縮しやすい。ぼくは温度と体積って面白いなと思いました。大きな固体も膨張と収縮するか知りたいです。冷やしたら膨張して温めたら収縮する物があるか知りたいです。膨張や収縮は、気体や液体や固体の性質だと思います。なんで気体や液体や固体が膨張や収縮するのか知りたいです。
○**教師実験**
①金属球の重さを上皿台ばかりで量る。
②ガスコンロで金属球を熱する。
③もう一度重さを量る。
⇒重さが変わっていないことを確かめる。

4. 単元のポイント

　この単元では、物が温度によって体積変化することを学習します。気体の代表として空気の膨張と収縮、液体では水とエタノールの膨張と収縮、固体では金属の膨張を扱います。体積変化の大きい気体から始め、液体の体積変化、さらに目では確認しにくい固体の体積変化へと進めていきたいと考えました。
　空気の膨張と収縮を学習した子どもたちは、「液体も体積がかわるの？」「固体は？」と疑問をもち、学んだことから学習課題を設定することができました。
　また、体積変化を数量的にとらえられるようにするために、注射器（浣腸器）を使って実験しました。空気をとじこめた注射器を温めると体積が大きくなり、冷やすと体積が小さくなることを学習した子どもたちは、液体の水も同じように注射器で実験しようと計画を立てます。しかし、水の体積変化は空気に比べて小さいので、「水は体積が変わらないの？」「いや、もっとわずかな変化でも分かる装置を使えば変化がわかるはずだ」と討論が盛り上がりました。
　学習したことを使って次の課題が解決できる、根拠をもった予想を立てやすい、論理的な思考力が育つ単元です。

参考文献：高橋 洋 著『本質がわかる・やりたくなる理科の授業　4年』子どもの未来社

物の温度と三態変化

相模原市立鶴園小学校
佐々木 仁

1．ねらい

物は温度によって、固体・液体・気体と姿が変わる。

2．指導計画（11時間）

この単元の学習を行う前に次の学習をしておく必要がある。
・「空気を閉じ込めると」⇒ 閉じ込めた空気に体積があり、それが測定できること。
・「物の温度と体積」⇒ 物の温度が上がると体積が大きくなり、温度が下がると体積が小さくなる。

液体⇔気体の変化
①液体のアルコールは90℃で沸騰して気体になる。【2時間】
②液体の水は90℃では気体にならず、それより高い温度で気体になる。【1時間】
③水の沸点は100℃である。【1時間】
④気体のブタンは沸点より温度が低くなると液体になる。【1時間】

固体⇔液体の変化
⑤液体の酢酸は融点より温度が低くなると固体になり、体積が小さくなる。【1時間】
⑥液体の水を固体の水（氷）にしたときの体積変化【1時間】
⑦固体のスズは融点より温度が高くなると液体になる【1時間】
⑧食塩（塩化ナトリウム）も融点より温度が高くなると液体になる【1時間】
⑨ロウの三態変化【1時間】
⑩いろいろな物の融点・沸点【1時間】

3．授業の展開

液体⇔気体の変化

1・2時間目：エタノールの液体⇔気体の変化

【ねらい】液体のエタノールは90℃で沸騰して気体になる。

【準備】教師用＝ポリ袋（30×20cmくらい）、90℃の水、金属性のトレー（フライバット）、軍手、メスピペット、エタノール

【授業展開】※子どもたちには、エタノールのことを「アルコール」と伝えた。

①課題を出す。

〈課題1〉
ポリ袋の中にアルコールを3mL入れて、空気を追い出して口をしめた。このポリ袋に90℃以上の水をかけて、アルコールの温度が上がると、袋の大きさはどうなるだろう。

図1

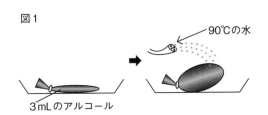

②〈自分の考え〉をノートに書く

「すごく大きくなる○人、少し大きくなる○人、変わらない○人」のように自分の考えの分布をとる。

③討論

ANK：もしアルコールが膨張して大きくなっても、アルコールだけ大きくなるけど、空気が入っていないから、あとポリ袋が膨張するかもしれないからわからない。

> まずは「わからない」と考えている子から発言させる

ONY：だってポリ袋の中に空気入ってないから、そのままかもしれない。アルコールの膨張で少しは大きくなるかもしれない。でも大きくなっても少しだけしか大きくならないと思う

> 「温度と体積」で「物は温度が上がると体積が大きくなる」ことを学習し、それを使って考えている。このように考えられるようにするために、事前に「温度と体積」を学習するとよい

> 次に少数派の意見

MIR：ぼくは思いっきり大きくなると思う。この前空気に押し出されて水がすごい出たでしょ。少ないアルコールでもアルコールと袋が大きくなって増える。

KIM：MIRに対して、この前の実験で勢いよく出たって言ってたけど、あれは空気が膨張して水が勢いよく出たんだよ。空気がなかったらそうならないでしょ。

MIR：いや、鉄も大きくなったじゃん。

MOA：鉄も少ししか大きくならない。

> MIRさんの意見に反論。反論する際も「温度と体積」で学習したことが使われている。MIRさんは反論されることで、自分の考えの根拠を「温度と体積」で学習したことを使って示した。

> 多数派の意見

EZM：私は少し大きくなると思います。理由はアルコールは液体だから、膨張して袋は中のアルコールが膨張するにつれてポリ袋も90℃位の水をかけられて膨張すると思うので少し膨張すると思う。

SAM：アルコールと袋は膨張するけど、すこーーーしだけ。

（中略）

EZM：MIRさんが言ってたことがよくわから

ない。

> 質問や意見

SAM：鉄は温度を上げたら輪を通らなかったから大きくなるって言ってたんだけど、それは少ししか大きくならなかったって。だから少ししか大きくならない。（中略）

KIM：MIRさんの言ってたのがわかった。金属は分子の隙間が開いているっていうのはそれで納得なんだけど、金属より液体だから大きくなるけれど、それでも小さい。

TUA：わからないから少し大きくなるに変わりました。理由は私は少し大きくなると大きくなるで迷っていたけれど、MOAさんの意見でなるほどと思った。それで少し大きくなるになる。

> 最後に「わからない」と言っていた子どもたちに発言させることが大切である。「わからない」と言っていた子がわかるように話し合うという視点をもたせる。

③〈人の意見を聞いて〉をノートに書く。

　討論を聞いて自分で考えたことをノートに書く。書き終えた子から発言させると、書けなくて困っている子も書きやすくなる。

④**教師実験1**

　図1のように90℃の水をかける。液体のエタノールが気体のエタノールになってポリ袋を膨らませたことを確認する。子どもに軍手をはめさせ、ポリ袋を挟むように触らせる。ポリ袋を持ち上げると袋の内側にエタノールの液体が流れ、袋は縮んでくる。これを繰り返す。

⑤**教師実験2**

　図2のようにすると、液体のエタノールの方から泡（気体のエタノール）が出てくる。ガスマッチの火を試験管の口に持っていき、燃えることを見せる。試験管を持ち上げると沸騰が止まり、火が消えることを見せる。

⑥**「沸点」の説明をする。**

　アルコールが液体でいられなくなり、気体に

図2

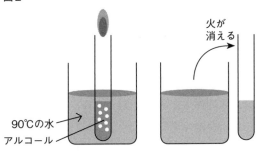

90℃の水
アルコール
火が消える

なってしまうぎりぎりの温度は65℃で、これを「沸点」と言う。

⑦〈実験したこと・確かになったこと〉をノートに書く。

【この授業で書かれたノート】

○（略）90℃以上の水をかけました。するとポリ袋は大きくなりました。私は少し膨張すると思っていたけれど、思い切り大きくなりました。しかもアルコールがなくなり、その理由はアルコールが膨張しすぎて気体、つまり、空気になり、しかもそれが膨張して大きくなりました。

傍線部が「実験したこと」波線部が「確かになったこと」として書かれている。「確かになった」ことの根拠が、「こういう実験事実があったという「実験したこと」なのである。

　それともう一つ実験をして、試験管にアルコールを入れてそのアルコールが入った試験管をビーカーに入れて、すると試験管からぷくぷくと泡が出てきました。確かになったことは、アルコールは膨張しすぎると気体になるということです。その温度は65℃で、沸点というそうです。まだわからないことはなぜ気体になったのに、またアルコールになったのかがわからなくて、あともう一つ、水も気体になるのかが不思議です。

3・4時間目：水の液体⇔気体

【ねらい】 水は100℃で沸騰して液体から気体に変わる。

【準備】 教師用＝《教師実験1》ポリ袋（30cm×20cmくらい）、90℃の水、金属性のトレー（フライパン）、軍手、メスピペット 《教師実験2》300mLのビーカー、試験管2本、棒温度計2本、エタノール、90℃の水・水道水 《教師実験3》200mLのビーカー、ロート、水道水 《教師実験4》電子レンジ、耐熱のジップロック・グループ数＝棒温度計・鉄製スタンド・ガスコンロ・200mLビーカー・沸騰石（※図3から図5を参照しながら実験道具を用意。）

【授業展開】

① **教師実験1**

「今日は水を3mL入れたポリ袋にこの前と同じように90℃の水をかけると、ポリ袋はふくらむでしょうか。」

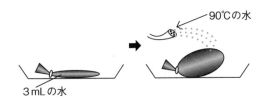

3mLの水　　90℃の水

② 数人に考えを聞く。

C：膨らむと思う。前の実験でアルコールを使ってアルコールは液体で水も液体だから、水も気体になって袋が膨らむと思います。

C：水とアルコールは液体で同じなんだけど、水とアルコールは違うものだからわからない。

③ **教師実験1をおこなった後で課題を出す。**

　水だけを入れたポリ袋をバットに乗せて、90℃以上の水をかける。袋は膨らまない。

T：液体の水は気体にならないのかな？

〈課題2〉

液体の水は気体のならないのでしょうか？

④ 〈自分の考え〉をノートに書く。

⑤ 討論

⑥ **教師実験2**

　次ページ上図のようにするとエタノールは沸騰して気体が出てくるが、水は沸騰することはない。これで90℃では水は沸騰しないし気体にもならないことが分かる。

⑦ **教師実験3**

子どもたちから「水はもっと温度を上げる」

物の温度と三態変化　59

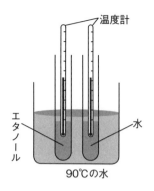

という意見が討論の中で出るだろう。「もっと温度を上げて、水が気体になるかやってみましょう。」と言って、次のような実験をする。

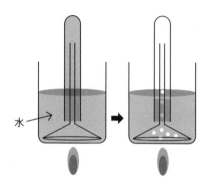

※上記左図のように水で満たすためには、バケツに水を入れ、ロート・試験管をセットしたビーカーをバケツの中の水に入れると、上記左図のように水で満たされる。その後加熱する。

T：（沸騰している様子を見せて）試験管の上にたまっているのは？
C：気体、空気

> 泡が空気（気体）であることを理解するためには、「空気を閉じ込めると」の学習で、空気（気体）は水の中で泡となって見えること、水上置換で集められることを学習しておくとよい。

T：気体の水を水蒸気といいます。
T：（火をとめてから）気体の水はどうなった？
C：温度がだんだん下がって液体に戻ったんだ
⑧ 〈実験したこと・確かになったこと〉をノートに書く
⑨ 教師実験4

耐熱のジップロックに水を入れ、電子レンジに入れて加熱して、ジップロックが膨らむ様子を見せる。このことから、水も液体から気体になると体積が大きくなることを捉えさせる。

〈ここから4時間目〉
⑩ 水の沸点を調べよう。（グループ実験）
温度を高くすると液体の水は気体になる。では何度で沸騰して気体の水（水蒸気）になるのかを調べよう。液体の水の温度がそれ以上高くならないところが出てくるので、それが水の沸点である。
（教科書に出ているように水の沸点を調べる。）
⑪ 〈実験したこと・確かになったこと〉をノートに書く。

5時間目：ブタンの気体⇔液体

> この時間は大変重要である。教科書にはない実験だが、「温度によって気体⇔液体と物の状態が変わる」ということが確かになる。ドライアイスの準備に手間がかかるが、ぜひやってほしい授業である。

【ねらい】室温で気体のブタンは沸点以下の温度になると液体になる。
【準備】教師用＝エタノール、ドライアイス、ブタン（カセットコンロのガス）、ブタンを入れる透明なポリ袋（課題3図参照）、ビーカー、試験管、試験管ばさみ、ガスライター、温度計（-50℃まで測れるもの）、一辺が10cm程度の小さいジップロック
※ドライアイスはインターネットや、地域の氷屋さんに注文することで手に入る。

【授業展開】
①あらかじめガスコンロ用のボンベからポリ袋にブタンガスをとっておく。袋がパンパンに膨らんでいるポリ袋を見せて、中に気体が詰まっていて、この気体の温度が今何℃であるのかも問い、部屋の空気の温度と同じである事を確認して課題を出す。

〈課題３〉
ポリ袋の中には空気のような気体が入っています。この気体を液体にすることはできるだろうか。

②〈自分の考え〉をノートに書く。

> 教師は机間巡視をしながら、次のような考えを持っている子をピックアップし、③討論の中で出させるよう、準備しておく。
> ・最初から気体の物が液体になるかどうかわからない。
> ・どうやって袋に入っている気体を液体にするのかがわからない。
> ・気体を液体にするには温度を下げればいいと思う。

③**討論**

OOH：すごく温度を下げれば液体になると思うけど、20℃で気体だから液体にならないかもしれない。けど、願望としては液体になってほしい。

MOA：水蒸気ならもとの温度に戻せば液体になるけれど、水の気体ではなくて、ガスだからわかりません。水蒸気みたいに液体の水に戻るかもしれないし、水と気体はちがって、気体のままかもしれないからです。

SAM：私も願望としては液体になってほしい。

> 「願望としては液体になってほしい」正直な気持ちである。この課題は多くの子が迷う。「迷う」ようになるためには、１～４時間目の学習で、エタノール、水ともに、温度によって液体が気体になり気体が液体になった事実を捉えていることが大切である。１～４時間目の学習がなければ、迷わず「気体が液体になるわけない」となるだろう。「迷う」子が多いということは１～４時間目の学習が生きている証拠である。

HOT：液体にならないと思う。ガスはもともと気体だから、液体は液体の中でしか分子が動かなくて90℃以上になったら気体になるけど、気体の分子は液体には詰められない。

MOR：液体になる。理由は温度を上げて、液体が気体になったんだから、温度を下げたら気体は液体に戻れると思う。前回みたいに。

ONY：液体にできる。理由は自分たちの周りにある気体は雨がふっていないのに窓に水がついていて、その水が結露して水がたくさんついていることがあるから、外の温度と中の温度でガスが水に戻ったり変身したりすると思う。あと水は気体になるから、気体は水に戻ると思う。

SUM：ずっと前の実験で液体は気体になったから、気体も液体になると思いました。でも今20℃だから、すごく低い温度だと気体から液体になると思います。

> 「すごく低い温度だと」という、温度に関わる発言は大切。温度によって物の状態が変わることを捉えさせるきっかけとなる。

SOK：ONY さんの意見を聞いて、窓とかについている水も、部屋と外の温度が違って、気体が液体になっているんだと思った。

WAH：ぼくはならないと思う。20℃で気体なんだから、ならない。

ANK：ONY さんの意見に納得したんだけど、今回のは水じゃなく、ガスだから不安。

> 「ガスだから不安」という考えは多くの子に共感される。実験を見る視点が明確になった。「ブタンでも液体になった」という学習によって、「気体は温度を下げると液体になる」ことが確かになるのである。

④〈人の意見を聞いて〉をノートに書く。

⑤**教師実験**

ア：アルコールドライアイスの寒剤を作る。

－50℃以下の寒剤を作る。エタノールにドライアイスを一気に入れると、二酸化炭素ガスが一気に出てエタノールが飛び出すので、少しずつ入れる。

イ：気体のブタンを液体にする。

ポリ袋に入っている気体のブタンを少しずつ押し出しながら試験管に入れる。すると、試験

物の温度と三態変化　61

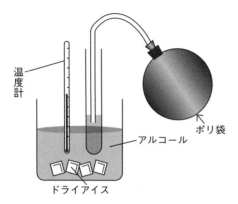

管に液体が溜まり、ブクブクと音が聞こえる。
ウ：液体のブタンを沸騰させる。

　液体のたまった試験管を手のひらの上に置いて温めると、ぶくぶくと沸騰する。その試験管の口にガスマッチの火を近づけると、試験管の口で炎が上がる様子を見せる。液体のブタンが沸騰して気体になっていることがわかる。
エ：沸点が低いことを実感させる。

　試験管の口に火がついた状態で、再びアルコールドライアイス寒剤の中に入れると、沸騰が止まり火が消える。これを繰り返して見せる。繰り返しながら子どもたちに試験管の底を手で温めさせ、手の温度程度で沸騰することを感じさせ、沸点がとても低いことを確かにさせる。
オ：液体⇔気体の体積変化

　液体にしたブタンを小さなジップロックに少量入れ、手で温度を上げて沸騰させると、気体のブタンになる。ジップロックが膨らむ気体になると体積が大きくなることを見せる。

⑥〈実験したこと・確かになったこと〉をノートに書く

【この授業で書かれた子どものノート】
（略）結果は－48℃くらいの中に入れたら液体になりました。今回実験した気体はブタンというものでやりました。ブタンは手で温めただけで沸騰してしまいました。火をつけて試験管を手であたためると、火が勢いよくぼうってなっていました。冷たくても沸騰するということがわかり、実際に触ってみると、冷たくて気持ちよかったです。液体だとこれぐらいの体積だけど、気体になるとこれぐらいぱんぱんになりま

した。ブタンという気体があるなら、他にも気体の種類みたいなのがあるのかなと思いました。液体をあたためて液体ではいられなくなって、気体になり、逆に気体を冷ます（冷ますといっても、ものすごい冷たくしなきゃいけない）と、気体ではいられなくなり、液体になるということがわかりました。

固体⇔液体の変化

6時間目：酢酸の液体⇔固体

【ねらい】液体の酢酸の温度を低くすると固体になる。固体にすると体積が小さくなる。

【準備】教師用＝酢酸、水、氷、ビーカー、試験管、ゴム栓（試験管に取り付けられる物）

※99％の酢酸は、教材カタログに出ているので注文して手に入れることができる。

①課題を出す。

課題4
液体の酢酸を固体にすることはできるだろうか。

②〈自分の考え〉をノートに書く
③討論
・できる。水も氷になるから。
・酢酸だからわからない。
④〈人の意見を聞いて〉をノートに書く
⑤教師実験
ア：ビーカーの中に水を入れ、温度を測る（10℃以下にする）
イ：酢酸を入れた試験管をビーカーの水の中に入れると、固体になる。
ウ：固体の酢酸の真ん中がへこむことから、体積が小さくなったことを確認する。

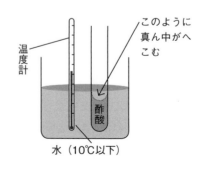

⑥融点の説明をする。

　液体の物の温度を下げると、液体と固体の境目のぎりぎりの温度があって、それよりも低い温度になると液体が固体になってしまう。そのぎりぎりの温度のことを融点という。酢酸の融点は16℃。

⑦〈実験したこと・確かになったこと〉をノートに書く。

7時間目：水の液体⇔固体

【ねらい】水の融点は0度である。

【準備】グループ数＝氷・食塩・温度計・ビーカー・水

①課題を出す。

課題5（調べよう）

水の融点を調べよう。

②**グループ実験**

　氷食塩寒剤で、液体の水→固体の水にする実験を行う。水の融点は0℃。体積の変化もとらえさせる

　（実験方法は教科書に載っている）

③〈実験したこと・確かになったこと〉をノートに書く。

8時間目：スズ（金属）の固体⇔液体

【ねらい】金属のスズは融点以上の温度になると液体になる。

【準備】粒状のスズ、パイレックス試験管、試験管ばさみ、実験用ガスコンロ、金属製のトレー（フライパット）、アルミホイル

※粒状のスズは教材カタログに掲載されているので学校で購入できる。金額が高いので少量の物（3000円程度）を購入する。

※試験管がパイレックスか要確認。パイレックスの場合は耐熱温度が高いので安全である。

①課題を出す。

課題6

固体のスズ（金属）を液体にすることができるだろうか。

②〈自分の考え〉をノートに書く。

③討論

C：できると思う。やり方はとても高い温度でスズをとかしたら、液体になると思う。

C：温度を下げると液体が固体になったんだから、液体が耐えられるぎりぎりの温度や気体がぎりぎりに耐えられる温度があるんだから、固体もぎりぎり耐えられる温度があると思って、それよりも温度を高くすればいい。

> ここまで学習が進んできたら自分たちの力で課題を解決できる。波線部のように「どうやって」まで考えを出させる。

⑤教師実験

　試験管に粒状のスズを5粒ほど入れて、ガスコンロで加熱する。液体になったら金属製のトレーにいそいで流し込む。するとすぐに温度が下がって固体になる。スズの融点は232℃。

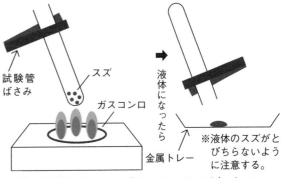

⑥〈実験したこと・確かになったこと〉をノートに書く。

9時間目：食塩の固体⇔液体

【ねらい】固体の食塩も融点以上の温度になると液体になる。

【準備】食塩・実験用ガスコンロ・パイレックス試験管・試験管ばさみ

①課題を出す。

課題7

固体の食塩を液体にすることはできるだろうか。

②〈自分の考え〉をノートに書く

> 「食塩は水に溶けるから」というような意見が出ることがある。出た場合は、「金属のスズと同様、水は全く使わない」ということを補足しておく。

物の温度と三態変化　63

③討論
C：できる。金属のスズも固体から液体に変わったのだから、温度をとても高くすればできる。
C：食塩が液体になるなんてみたことがない。
④〈人の意見を聞いて〉をノートに書く
⑤教師実験
ア：試験管の中に食塩を少量入れて、ガスコンロで熱する。食塩の融点は約800℃。
イ：食塩が液体になった試験管を紙に付けると、紙がすぐにこげる。約800℃とはそれだけ高い温度であることを確かめる。
⑥〈実験したこと・確かになったこと〉をノートに書く。

10時間目：ロウ（パラフィン）の三態変化

【ねらい】固体のパラフィンが融点以上になると、液体になり、沸点以上になると気体になる。
【準備】細かくしたロウ・L字のガラス管・アルコールランプ・試験管ばさみ・ガスマッチ
※L字のガラス管は、学校にある直線のガラス管をガスコンロで熱すると曲がる。曲げる時のガラス管は大変熱いので注意する。
①この固体のロウを熱して、**液体や気体にすることができるでしょうか。**
課題8
図のようにして固体のロウを液体や気体にすることができるだろうか。
②〈自分の考え〉をノートに書く。
③討論
④〈人の意見を聞いて〉をノートに書く。
⑤教師実験

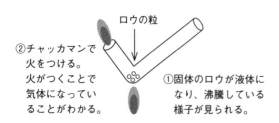

11時間目：いろいろな物の沸点・融点

【ねらい】物は温度によって姿がきまる。
【準備】いろいろな物の沸点・融点表

	物質名	融点（℃）	沸点（℃）
1	鉄	1535	2750
2	ナマリ	327	1744
3	水銀	−39	357
4	食塩	800	1413
5	水	0	100
6	エタノール	−115	78
7	酸素	−218	−183

①「いろいろな物の沸点・融点表」を配って課題を出す。
課題9
沸点と融点表を見て、室温で固体の物、液体の物、気体の物はどれだろう。また、何℃以上になるとすべての物が気体になり、何℃以下になると固体になるだろうか
②〈自分の考え〉をノートに書く
③話し合って確認していく。

5. 本単元設定の背景

教科書では、「水を熱したときの変化」として「水蒸気になること」を。「水を冷やしたときの変化」として「水が氷になること」を「水の3つの姿」として学びます。また、氷になった時の体積変化も捉える学習になっています。

水もそうですが、私達をとりまく物質は、固体、液体、気体のいずれかの状態で存在しています。その存在状態は温度によって決まり、温度によって存在状態が変わるという一般性があります。また、物質はそれぞれ沸点や融点が決まっているという多様性をもっています。

教科書にあるように、水だけでは物質の一般性も多様性も捉えることができません。水以外の物質も扱うことで、存在状態は温度によって決まることを確かにさせたいと思います。

安全を考慮して教師実験が多くなっています。「子どもに実験をさせた方が子どもが喜ぶ」ということもありますが、「わかる喜び」を感じることができるよう、計画しました。

水のゆくえ

埼玉県公立小学校
八田 敦史

1）ねらい

　水は100℃を越えなくても液体になったり気体になったりすることがある。

　水はすがたを変えながら地球をめぐっている。

2）授業計画（全4時間）

1時間目

ねらい：水は100℃でなくとも気体になり、空気中に出て行く。

準備：一週間前に用意したメスシリンダー2本（片方はフタをし、もう一方はフタをしないで置いておく）、メスシリンダー2本（課題提示用）、ラップフィルム、輪ゴム、児童実験用のビーカーやプラコップ（グループ数）、動画「水のじょう発を見る（NHK for school）」

2時間目

ねらい：空気中は100℃より温度が低いが水の気体がある。

準備：ビーカー、氷水（または食塩と氷の寒剤）

※寒剤は氷に氷の体積の半分ほどの飽和食塩水溶液を加え、食塩水溶液と同じ重さの食塩をさらに加えて作る。

3時間目

ねらい：水の液体は100℃にならなくても蒸発し、水の気体に変わって空気中に出て行く。

準備：ぞうきん（希望者がいれば、子どものハンカチでもよい）、はかり（上皿てんびん、なければ電子ばかり）、動画「水のじょう発をせんたく物でしらべてみよう（NHK for school）」

4時間目

ねらい：水はすがたを変えながら、地球上をめぐっている。

準備：動画「水のじゅんかん（NHK for school）」

3）授業の展開

1時間目の流れ

　2本のメスシリンダーを見せる。それぞれに水を200mLずつ入れ、片方のメスシリンダーにはラップフィルムなどでフタをして、水面の高さに輪ゴムで印をつけ、課題を出す。

> **課題**　2つのメスシリンダーを一週間おいておく。一週間後メスシリンダーの水の体積はどちらも同じか。

　課題についての〈自分の考え〉をノートに書かせる。

　書き方は、まず結論（「同じ」なのか「同じではない」のか）を書き（「同じではない」の場合はどちらが多いのか）、その後にそう考えた理由を書くように指導する。わからない、迷っている子に対しては「見当がつかない」という選択をしてもよいことを伝える。手が止まっている子には、「これまでの学習や生活の経験から考えられることはないかな？」と声をかける。それでも書けない子に対しては、「水の量はどうなっていると思う？」と声をかけ、「変わらないと思う」「減っていると思う」などと口頭で答えた内容を記述させる。

　教師は、書けない子の支援をするとともに、子どものノートの記述を見て回る。議論の中心になりそうな子どもの考え（この時間では、「温めてもいないのに水が減ることは無い」という考えや、「水槽の水がだんだん減っていくから、メスシリンダーの水も減る」など）を

水のゆくえ　65

確認しておく。

　7分ほど時間をとり、ある程度の子が書き終わったところで、手を止めさせる。黒板に「同じ」「同じではない」「見当がつかない」と書き、子どもの考えがどこに当てはまるのか挙手させ、人数を黒板に書き加える。〈自分の考え〉に書けていない子でも、必ず挙手には参加させ、全員が意見を表明できるようにする。

　「同じ」と考える子は、水を入れたり出したりしないのだから体積は変わらない、温めてもいないのに水が減るのはおかしい、と主張する。「同じではない（フタなしの体積は減っている）」と考える子は、水が気体になって出ていくからフタなしの方が減っているだろう、と主張する。水槽の水がいつの間にか減っていたり、水たまりの水がいつの間にか無くなっていたりするのは、水が気体になって出て行くから、といった生活の経験も出されることだろう。

　議論するなかで、「水が気体になるのは100℃で沸騰したときだ」という意見がでるだろう（子どもから出ない場合は、教師が「水が気体になるのはどういうときだと学習した？部屋の温度は100℃になっているの？」などと問いかける）。この考えに対して気体になったと考える子は「水がいつの間にか無くなっているのは、100℃じゃなくても気体になったから。」という発言をすることが多い。100℃になって沸騰していなくても気体になるのかならないのかが焦点になるよう議論を組織する。

写真1　二つのメスシリンダーの水の体積の違い

　実験を行う前に、「もし水の体積が同じなら、どんなことがいえる？」「もしメスシリンダーの水の体積が減っていたら、どんなことがいえる？」と問い、どんな現象が起こったら何がわかるのか（水の体積は変わっていない→水は気体にならない、水の体積が減っている→水が気体になって出て行った）を明らかにしておく。

　確認は、事前に用意しておいたメスシリンダーを見せる。フタなしの方はより体積が減っていることを確認する（写真1）。また、フタありの方のメスシリンダーの内側には水滴がついている。「何か気がつくことない？」と聞くと、水滴がついていることを指摘してくれる。「この水滴はどこからきたのか？」と問い、「メスシリンダーの中の水が気体になって、また液体にもどった。」ことによる水滴であることを理解させる。

　実験結果が明らかになったら、今日学習したこととわかったことをノートに書かせる。どんな方法でたしかめ、どんな結果だったか、何がわかったかを順序よく書くように指示する。

〈わかったこと〉

　一週間は待てないので、先生が用意していたメスシリンダーを見てみました。すると、フタがしてない方の水は5mL減っていました。フタがしてある方の水は2mL減っていました。どちらの水も減っていて2つの水の体積はちがっていました。フタがしてあるメスシリンダーの中はくもっていて、水滴がついていました。この水滴は、メスシリンダーの中の水が一度気体になって、かべにくっついてまた液体になったものだとわかりました。2mL減った分の水はこの水滴だと思いました。フタがしてない方は、気体になった水がフタがないので空気中に出ていって減るのだとわかりました。
今日の実験から、水は100℃にならなくても気体になり、空気中に出て行くことがわかりました。

　つけたしの説明として、100℃になって水がさかんに気体になって泡が出る現象を「沸騰」というが、100℃にならなくても水が気体になる現象を「蒸発」ということを教える。新しく学習した言葉なので、黒板にも書く。さらに、

つけたしとして、NHK for school の動画「水のじょう発を見る」を見せ、液体の水が気体の水（水蒸気）に変わっている様子を見せる。

みんなが実験しても同じような結果になるのか確かめるために、班ごとにビーカーやプラコップなどに同量の水を入れ、輪ゴムで印をつけさせる。教室において観察させ、フタをしたものとフタをしてないものとで水の体積に変化が現れるのを観察させる。教室など普段目にする場所に置かせ、フタをしてない容器の水は日に日に減っていく様子が見えるようにする。

2時間目の流れ

子どもに1時間目のわかったことに書いたノートを読ませる。

今の理科室（教室）の気温は何℃か確認し、全員に伝える（子どもにたしかめてもらってもよい）。今日の課題を伝える。

> **課題** 今、この理科室（教室）に水の気体はあるか。

1時間目と同じように、〈自分の考え〉を書かせ、どの考えの子が何人いたのか挙手で確認し、発表させる。

「ある」と考える子は、水槽の水や水たまりの水が自然になくなっていくのは気体になっているから、ここにも水の気体があると主張する。また、1時間目の実験で沸騰しなくても水が気体になるから、空気中に水の気体があるはずだと主張する。「ない」と考える子は、今部屋の中にヤカンなど沸騰している水はない、といった理由をあげる。

教師は子どもの意見の交通整理に務め、「沸騰している水がないから、水の気体もない」という考えと「水は沸騰しなくても気体になることがあるから、今も部屋の中に水の気体がある」という考えが議論の中心になるようにしていく。

両方の意見が明確になったら、もう一度課題について自分がどう考えているのか明らかにするために、〈人の意見を聞いて〉を書かせる。

書き方は、まず意見を変えるのか変えないのか、を書き、その後にそう考えた理由（○○さんの〜〜という意見を聞いて△△と思ったから）を書くように指導する。

〈人の意見を聞いて〉を子どもが書いている間、教師は子どものノートを見ながら、議論の中で出されなかった意見でも、全体に聞いてもらいたい意見を書いている子がいた場合は発表させる。書けない子に対しては、「誰の考えや意見が頭に残っている？」と聞き、「○○くん」と答えたら、「どんなこと言っていた？」と再度聞く。内容を言えるようならその内容を書かせ、言えないようなら「誰の意見がわかった」、「なるほどと思った」と書くように促す。

たしかめるための実験を行う。「もしこの部屋に水の気体があるとしても、目に見えないのでわからない。水が目に見えるようにするにはどうしたらいいだろう？」と問い、「水の気体があるならば、温度を下げると液体になるのではないか」という考えを引き出す。

写真2　周りに水滴が付いたビーカー

実験を行う前に、「もし水の気体があるのなら、どうなる？」「もし水の気体がないのなら、どうなる？」と問い、それぞれの考えが正しければどんな現象が起こるのか（水の気体がある→気体が液体に変わってビーカーに水がつく、水の気体がない→ビーカーには水がつかない）を明らかにしておくようにする。

氷水（冬場であれば食塩と氷で作った寒剤）

を入れたビーカー（写真2）を用意する。子どもたち一人ひとりに寒剤を触らせ、とても冷たい（温度が低い）ことを理解させる。ビーカーをしばらく観察し、ビーカーの表面に水の液体がついてくる（氷水と食塩の寒剤の場合は霜がつくこともある）のを待つ。ビーカーの表面についた水はどこから来たのかを聞く。「空気中から（水の気体が）来て液体になった。」ことを確認する。

　結果が明らかになったら、〈わかったこと〉を子どもの言葉でノートに記録させる。何をしたらどうなったのか、それによってどんなことがわかったのか、を順序よく日記のように書くよう指導する。

〈わかったこと〉

　水の気体があるか調べるために、氷水を入れたビーカーを置いてしばらく待ちました。すると、ビーカーのまわりがくもってきました。さわってみると、外側がぬれていました。「ビーカーから水が出てきた」という人もいたけれど、水だけを入れたビーカーは何も変化していなかったので、この水は空気中の気体の水が液体になったものだとわかりました。

　今日の実験から、100℃よりも温度が低い部屋でも水の気体があることがわかりました。

　つけたしの説明として、水の気体の温度が下がって液体にもどることを「結露」ということを教える。教えた内容は黒板にも書き、〈つけたし〉としてノートに書き加えさせる。

3 時間目の流れ

　子どもに2時間目のわかったことに書いたノートを読ませる。

　子どもたちに乾いたぞうきんを見せる。ぞうきんの重さをはかりで量る。水でぬらし、再び重さを量ると重くなっている。「増えた重さは何の分？」かを問い、ぞうきんにしみ込んだ水の重さの分が増えたことを確認する。上皿てんびんの片方の皿にぞうきん、もう一方の皿に分

銅をのせつり合わせる（上皿てんびんが無い場合は電子ばかりにぞうきんをのせ数値を読む）。ぬらしたあとのぞうきんの重さを黒板に書き、課題を出す。

課題　ぬらしたぞうきんを広げて置いておく。ぞうきんの重さはどうなるか。

　〈自分の考え〉を書かせ、発表させる。ほとんどの子が「軽くなる」と考える。洗濯物は干したあと軽くなる、プールの後髪が乾いたら軽くなる、などの生活経験を元に考えている意見を発表させる。1時間目の学習を思い出して、沸騰しなくても水は気体になるから、出て行った分が軽くなる、と考える子も出る。

　水が液体から気体になって空気中に出て行くから、出て行った水の分軽くなるという考えを確認して、すぐに結果を確認する。

　ストーブなどがあれば、課題を出してすぐ、近くに濡らしてしぼったぞうきんをかけておき、干す前の重さと干してしばらくしたあとの重さを比較する（このとき、ぞうきんの部分は水が沸騰する100℃にはなっていないことを確認するために、温度を測って子どもに示す）。ない場合は、結果が出るまでに時間がかかるので、NHK for schoolの動画「水のじょう発をせんたく物でしらべてみよう」を見せ、結果とする。その後、同じ結果になるのか子どもたちにもぞうきんやハンカチなどで確かめさせる。

　減った重さが何の分であるのかを問い、蒸発して出て行った水の気体の分の重さである事を確認する。

〈わかったこと〉

　ぬらしたせんたく物の重さがどうなるか、映像を見ました。すると、時間がたつにつれ、くつしたの方が上がっていきました。くつしたがかわいて軽くなっていました。せんたく物がかわくのは、こういうことなんだと思いました。次に、自分たちでもハンカチをぬらして重さを量りました。かわいた後、何gになるのか楽しみです。

68　小学校4年

> 今日の実験から、せんたく物の水が蒸発して空気中に出て行くから、かわいて重さが軽くなるということがわかりました。

4 時間目の流れ

子どもに3時間目のわかったことに書いたノートを読ませる。

これまでの学習をふり返り、水が沸騰しなくても蒸発したり、気体の水が結露したりする場面は他にもないか、生活の中から探すように話す。似た状況を探す作業をするよう課題をだす。

作業課題 身の回りの蒸発や結露を探そう。

思いつく場面をノートに書かせる。なかなか書けない子には「水があった場所なのに、水が無くなっていたことはない？」「水がなかった場所なのに、水があったことはない？」と声をかけ生活の場面を想起させる。後半の水の循環に時間を使うので、多くの時間はとらない（課題から考えの発表まで15分ほど）。

発表させると次のような場面が挙げられる。

〈蒸発〉
・お風呂の後、髪の毛がかわく
・床をぬれぶきした後、床がかわく
・校庭の水たまりがなくなる など

〈結露〉
・息をはくと白く見える
・寒い日に窓ガラスがくもる
・夏に冷たい飲み物の周りに水滴がつく
・寒い外から暖かい部屋に入るとメガネが白くなる など

発表された場面を黒板に書き、意識していない所で水は気体になったり、液体になったりしていたことを確認する。

その後、「水たまりなどの水が蒸発した後、水の気体はどうなるだろう？」と問い、蒸発した水が雲になることを引き出す。「雲になった水は、その後どうなるだろう？」と問い、雲は雨や雪を降らせることを引き出す。

教科書の資料やNHK for schoolの動画「水のじゅんかん」を見せ、水がすがたを変えながら地球上をめぐっていることを説明する。

最後に、これまでの「水のゆくえ」の学習でわかったことを絵や文でノートにまとめさせる。書けない子には、「海の水は気体になるかな？」などと声をかけ教科書のイラストを真似して書くように指示する。わかりやすくまとめているものを、実物投影機などを使用して、代表でいくつか全体に発表させる。

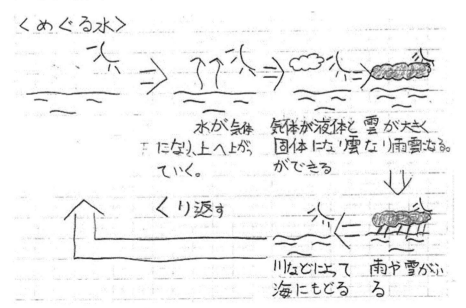

【イラスト　子どもがまとめた水の循環】

4）本単元設定の背景

多くの教科書では4年生の終盤、この学習の前に「水のすがた」を学習します。「水のすがた」の学習では、液体の水が（沸点の）100℃で沸騰し気体に変わり、（融点の）0℃で凝固し固体に変わることを学びます。この学習によって子どもたちは、

「液体の水は100℃にならないと気体にならないもの」と理解します。

一方で、日常生活の中では道路の雨水がいつの間にか無くなっていたり、ぬれた洗濯物が乾いていたりと、液体の水が100℃になっていないにも関わらず、水が気体になったと考えられる場面が多くあります。「沸騰」とは異なる「蒸発」という現象に注目させ、水が地球上を循環していることに気づかせていく学習です。どうして常温で気体になるのかを理解するにはエネルギーの視点が必要なので、深く説明することはせず、このような現象があるという事実を知るだけとします。それだけでも、子ども達にとっては身の回りの多くの現象を理解できる学習となるため、見える世界が広がる内容となるでしょう。

教科書では水の蒸発の学習として、おおいをした物とおおいをしなかった物の水の変化を比較しています。実験結果がわかるまでに時間がかかるため、ほとんどの教科書では「〇日後にくらべる」と書かれています。子ども達が課題に対して興味をもって考えても、数日経つと別のことに興味が移ってしまいます。子どもたちの関心が高まっているうちに実験結果を明らかにするために、料理番組方式で実験結果をすぐにわかるようにしたいものです。あらかじめ用意しておいた道具で結果をその授業時間のうちに見せます。それから、子どもたちにも実験を行わせて数日後に同じ結果になるか確認できるようにしていきます。

◆おわりに◆

　4年生という学年は、発達の過程としては9歳10歳の壁と言われています。低学年期の具体的な操作を通しての学習から、抽象的な論理的思考ができるようになる時期です。もちろん発達には個人差があるので、3年生の終わり頃から抽象的論理的思考ができる子もいれば、4年生も終わる頃になってもまだ苦手な子もいます。それでも、ひとつの学習課題について学級で話し合う中で、自分の考えを深めたり考え直したりすることを通して、論理的な思考力が培われていくのです。こういった思考過程と実験や観察を行なうことによって、科学的な認識が獲得されていきます。そしてさらに、獲得した認識をつかって次の課題に取り組むことで、認識が深められたり広がったりしていきます。

　とは言っても、4年生の初め頃は、まだまだ個別的具体的な学習の方が得意な子も数多くいます。まずは、学習に取り組む子どもたちの様子やノートなどを見ながら、単元のねらいを明確にして、学習展開や実験・観察を工夫しながら授業を進めることが大事です。

　本書は、月刊雑誌『理科教室』※の近年の記事を元に、よりわかりやすく加筆改訂し、構成を整理して出版しました。授業の準備や授業づくりの参考にどうぞご活用ください。

　　　　　※　『理科教室』（本の泉社）は、民間の理科教育研究団体である
　　　　　　　科学教育研究協議会（科教協）の委員会が責任編集する月刊誌です。

◎授業づくりシリーズ『これが大切　小学校理科○年』編集担当

　　小佐野正樹：6年の巻

　　玉井　裕和：5年の巻

　　高橋　　洋：4年の巻《本巻》

　　堀　　雅敏：3年の巻

　　佐久間　徹：1＆2年の巻（生活科）

◎連絡先（困りごとやご相談など）

　　授業の進め方、教材など困ったことがあれば、初歩的な質問でも、

　　お気軽にどうぞ。

　　【郵便・電話の場合】　下記「本の泉社」宛に伝言やFAXで。

　　【メールの場合】taiseturika@honnoizumi.co.jp

　　【科教協ホームページ】https://kakyokyo.org

　　このホームページには、研究会や全国のサークル情報を掲載しています。

◎出版　本の泉社

　　〒113-0033　東京都文京区本郷2-25-6-1

　　mail@honnoizumi.co.jp

　　電話03-5800-8494　FAX03-5800-5353

授業づくりシリーズ

これが大切　小学校理科４年

2018年12月13日　　初版　第１刷発行©

編　集　高橋　洋

発行者　新舩　海三郎

発行所　株式会社　本の泉社
〒113-0033 東京都文京区本郷2-25-6
　　TEL. 03-5800-8494　FAX. 03-5800-5353
　　http://www.honnoizumi.co.jp

印刷　日本ハイコム株式会社

製本　株式会社 村上製本所

表紙イラスト　辻 ノリコ

DTP　河岡 隆（株式会社 西崎印刷）

©Hiroshi TAKAHASHI
2018 Printed in Japan

乱丁本・落丁本はお取り替えいたします。

ISBN978-4-7807-1678-8　C0040

授業づくりシリーズ 『これが大切 小学校理科○年』

定価：本体833円＋税（税込900円）
（学年別全5冊好評発売中）

小学校での実際の理科授業の経験を元に、現在の教科書に合わせて中味や授業の準備、授業の進め方をよりわかりやすく整理しました。活用しやすいように各学年別の分冊です。奥付のメルアドでどうぞ質問等も！

◎6年の巻の内容（編集担当：小佐野 正樹）
ものの燃え方／植物の体とくらし／生物の体をつくる物質・わたしたちの体／太陽と月／水溶液の性質／土地のつくりと変化／てこのはたらき／電気と私たちのくらし／生物どうしのつながり　　ISBN978-4-7807-1680-1　C0040

◎5年の巻の内容（編集担当：玉井 裕和）
台風と天気の変化／植物の子孫の残し方／種子の発芽条件／さかなのくらしと生命のつながり／ヒトのたんじょう／流れる水のはたらきと土地のつくり／電流がつくる磁力＝「電磁石」／「物の溶け方」の授業／「ふりこ」から「振動と音」へ　ISBN978-4-7807-1679-5　C0040

◎4年の巻の内容（編集担当：高橋 洋）
四季を感じる生物観察をしよう／1日の気温の変化と天気／電気のはたらき／動物の体の動きとはたらき／月と星／物の体積と空気／もののあたたまり方／物の温度と体積／物の温度と三態変化／水のゆくえ　　ISBN978-4-7807-1678-8　C0040

◎3年の巻の内容（編集担当：堀 雅敏）
3年生の自然観察／アブラナのからだ／チョウを育てよう／太陽と影の動き・物の温度／風で動かそう／ゴムで動かそう／日光のせいしつ／電気で明かりをつけよう／磁石の性質／音が出るとき／ものの重さ　　ISBN978-4-7807-1677-1　C0040

◎1＆2年の巻の内容（編集担当：佐久間 徹）
自然のおたより／ダンゴムシの観察を楽しむ／タンポポしらべ／たねをあつめよう／冬を見つけよう／口の中を探検しよう（歯の学習）／ぼくのからだ、わたしのからだ／空気さがし／あまい水・からい水を作ろう／鉄みつけたよ／よく回る手作りごまを作ろう／音を出してみよう／おもりで動くおもちゃを作ろう　ISBN978-4-7807-1676-4　C0040

本の泉社　〒113-0033 東京都文京区本郷2-25-6　http://www.honnoizumi.co.jp/
TEL.03-5800-8494　FAX.03-5800-5353　mail@honnoizumi.co.jp

本質的な理科実験

金属とイオン化合物がおもしろい

金属というものは、とても奥が深く、語り尽くすことができません。それだけに、子どもにとっては年齢に応じて、そう、――保育園児から大学院生まで――多様な働きかけができるのです。子どもは針金を叩いたり、アルミ缶を磨いたりするのが大好きです。きっと精いっぱい手を動かすことで、頭もはたらき人間としての発達をかちとっていくからでしょう。このことを自然変革といいます。これがないと子どもは人間として一人前に育っていきません。子どもがはたらきかける対象として金属は最も優れた教材です。（『この本を手にされたみなさんへ』より一部抜粋）

前田 幹雄：著
B5判並製・192頁・定価：1,700円（＋税）
ISBN：978-4-7807-1633-7

元素よもやま話　　―元素を楽しく深く知る―

私たちのまわりにある、あらゆる物質や生物はすべて「元素」の組み合わせ でできています。私たち自身の体も、「炭素」、「酸素」、「水素」といった元素 を中心に形作られています。その「元素」は、人工的に作られたものを除くと、たかだか100種類にも満たない数しかありません。それらの元素が、くっついたり離れたりして、世界を形作っています。（はじめにより）

馬場 祐治：著
A5判並製・232頁・定価：1,600円（＋税）
ISBN：978-4-7807-1292-6

エックス線物語　　―レントゲンから放射光、X線レーザーへ―

本書は教科書や解説書ではなく、一般の人に「X線とは何か」ということについてある程度のイメージをつかんでいただくために書かれた「物語」です。ときには科学とあまり関係のない話も出てきます。ですから、あまり肩肘張らずに、気軽に読み進んでいただけると幸いです。

馬場 祐治：著
A5判並製・176頁・定価：1,600円（＋税）
ISBN：978-4-7807-1689-4

本の泉社　〒113-0033 東京都文京区本郷 2-25-6　http://www.honnoizumi.co.jp
TEL.03-5800-8494　FAX.03-5800-5353　mail@honnoizumi.co.jp